Val
Privatização
A saída ou o fundo do poço?
Org. e Pesquisador:
Adilson Motta

Motta, Adilson Pires
    Vale – Pará: História, Carajás e Minério / Adilson Pires Motta. – Parauapebas, PA:...., 2009.
    203 p.

    1. Vale, Aspectos históricos2. Carajás –3. Minério.

    CDU332.025.28(81) – UFMA.
    CDD338.925 – UFMA.
ISBN: 978-65-901596-5-6

Org. e Pesquisador: Adilson Motta

E-mail para contato: winformatica62@gmail.com

INTRODUÇÃO---07

Companhia Vale do Rio Doce – Ontem e Hoje-----------------09

O Tesouro da Serra dos Carajás------------------------------------16

Manganês---22

Riquezas Minerais da Amazônia-----------------------------------24

PROVÍNCIA MINERAL DE CARAJÁS-------------------------------26

Serra dos Carajás---29

Projeto Carajás--30

AChegada da Vale no Sul do Pará--------------------------------34

Primórdios de Carajás e o Povoado Parauapebas-------------35

Onda de privatizações--48

Privatização da Vale--52

UMA POTÊNCIA MINERAL ESTRATÉGICA--------------------65

Irregularidades na Privatização da Vale-------------------------69

Campanhas pela Reestatização------------------------------------79

Atualidade e Perspectiva da Empresa----------------------------84

Países e Estados onde a Vale se localiza------------------------93

Privatização:A saída ou o fundo do poço?---------------------99

Figuras importantes que visitaram Carajás-------------------116

AImplantação dos Grandes Projetos Minerais----------------118

Maior Mineradora de ferro do mundo, a Vale do Rio Doce
abre as Primeiras grandes minas de cobre no Brasil----------121

Histórico do Projeto Salobo-------------------------------------125

Projeto Salobo – Atualidade-------------------------------------133

Projeto Paulo Afonso--140

Serra Sul – ValeAbrirá Supermina na Província de Carajás141

Projeto Serra Leste---142

Projeto Onça Puma--143

Projeto Níquel do Vermelho--------------------------------------144

Projeto Bauxita de Paragominas.....................................145

PROJETO S11D--147

Mapa dos Projetos Minerais na Região Sul do Pará----------149

Projeto Juriti--150

ALUMAR---153

Alunorte---155

Mineradora Rio do Norte- MRN--------------------158

Valesule outros ---160

COMPLEXO DE EXPLORAÇÃO MINERAL DAVALE-166

Lista de Siglas e Conceitos Trabalhados na Obra-------------171

REFERÊNCIA--177

Introdução

Um dos fatos mais polêmicos na atualidade escancarado na era pós ditatorial ou "era democrática" à luz do século XXI, é sem dúvida, a privatização da Vale do Rio Doce, conhecida por alguns críticos e intelectuais como "privataria", cuja iniciativa excluiu a sociedade brasileira na decisão – como se esta não existisse – por um governo que, sendo provisório por mandato, se achava dono de tudo, usando até mesmo a repressão para a realização de tal ato.No momento da privatização, 70% da opinião pública era contra o ato de privatizar. E nesse clima de "imposição" aconteceu. Enquanto que no passado, grandes presidentes que o Brasil já possuiu sonhavam e desenhavam um futuro promissor para o país a partir da perspectiva do potencial mineral que possuí(-amos) e que foi entregue ao setor privado, destituindo a Nação Brasileira que se beneficiavam dessas riquezas – hoje entregues a "meia-dúzia" de grandes acionistas – entre esses, grandes banqueiros internacionais - e um alto número de pequenos acionistas (500 mil acionistas, segundo a empresa). O que contribui(u) para a concentração de renda e representa um golpe no futuro e horizonte do Brasil.

A empresa cresceu, gerou enorme patrimônio da noite para o dia –no real potencial que já existia. Mas como é uma empresa de capital aberto,a maior parte de seus donos por ações preferenciais são estrangeiros. No Brasil fica recursos de empregos e 2% de impostos minerário,mas a fabulosa riqueza maior está sendo investida lá fora na aquisição de outras empresas minerárias e perspectiva potencial de se tornar a número um em nível mundial com nossas riquezas e a incompetência de nossos governos, que deixaram sucatear em especulações e golpes neoliberais e de políticos "entreguistas" (e lobistas) que aportam interesses internacionais sobre a SOBERANIA do POVO BRASILEIRO.

Como o título é colocado na forma de questionamento, foi de propósito, é um espaço para que cada cidadão reflita sobre os caminhos que foram dados a nosso país – especialmente no que toca às privatizações, que para alguns,foi um crime de lesa-pátria cometido contra a sociedade brasileira e que ainda pode ser repensada – desde que, através de nossa autonomia, a nação seja submetida a um plebiscito e haja instauração de uma auditoria para investigar e fiscalizar como se deram "os fatos e processo" da privatização, que é uma ferida aberta, e o comprometimento de séculos à frente da história do povo brasileiro.

Companhia Vale do Rio Doce
Ontem e Hoje

A história da Vale do Rio Doce está intimamente ligada à construção da Estrada de Ferro Vitória-Minas, durante a qual os engenheiros ingleses envolvidos em seu projeto tomaram conhecimento da existência de uma grande reserva de minério de ferro naquela região.

Frente a descoberta, vários grupos de investidores internacionais adquiriram todas as terras onde estavam as reservas conhecidas de minério de ferro de Minas Gerais,estimadas em 2 bilhões de toneladas. Eramextensas glebas de terra próximas a Itabira, os quais, em 1909 se reuniram fundando o *Brazilian Hematite Syndicate*, um sindicato que visava explorá-las.

Em 1910, no XI Congresso Geológico e Mineralógico, realizado em Estocolmo, na Suécia essas reservas foram estimadas em 2 bilhões de toneladas métricas.

Em 1911 o empresário estadunidense Percival Farquhar adquiriu todas as ações do *Brazilian Hematite Syndicate* e mudou seu nome para *Itabira Iron Ore Company*.

Dificuldades

Percival Farquhar fez planos para que a *Itabira Iron Ore Co.*exportasse 10 milhões de toneladas/ano de minério de ferro para os Estados Unidos, utilizando navios pertencentes a seu sindicato que, no retorno, trariam dos EUA carvão ao Brasil, tornando assim o frete mais econômico. Esse plano antecipava em mais de 40 anos um conceito revolucionário que, afinal, modificado e atualizado, viria a se tornar realidade, sob a direção de Eliezer Batista, na década de 1960, quando da inauguração do Porto de Tubarão.

Mas Percival Farquhar não logrou sucesso. Embora pudesse contar com a simpatia do presidente Epitácio Pessoa, que lhe deu uma concessão conhecida como *Contrato de Itabira de 1920*, Farquhar encontrou ferozes opositores a seu projeto, dentre eles o presidente do estado de Minas Gerais (então quase autônomo), Artur Bernardes, que depois se elegeria presidente da república.

Décadas de debates acalorados se seguiram - o país praticamente dividido entre os adeptos das duas posições - e o projeto de Farquhar não saía da prancheta.

Esse plano foi inviabilizado quando Getúlio Vargas assumiu o poder, à frente da revolução de 1930, e encampou as reservas de ferro que pertenciam a Farquhar, criando com elas, em 1942, a*Companhia Vale do Rio Doce S. A.*, como uma empresa estatal, para o que obteve o beneplácito dos Estados Unidos e da Inglaterra num tratado chamado de "*Acordos de Washington*". Durante a segunda guerra mundial, esses países precisavam de minério de ferropara a fabricação de armas. Nos "Acordos de Washington",firmados no dia 03 de março de 1942, nos EUA, o governo britânico se dispunha a transferir ao governo brasileiro o controle das jazidas de minério de ferro pertencentes à Iron Ore, substituída pela Vale.

Em seus primeiros dias, em Minas Gerais, trabalhadores arrancavam minério no braço e carregavam em burricos até a estrada de ferro (conforme mostram nas fotos abaixo.

Em1962, o Tesouro Nacional indenizou os antigos acionistas da empresa Inglesa Itabira Iron Ore, que explorava jazidas localizadas em Minas Gerais. Com a nacionalização das minas, o governo dos Estados Unidos concedeu financiamento no valor de 14 milhões de dólares e, em troca, o Brasil enviou tropas para a Segunda Guerra.

As duas primeiras décadas

Após sua fundação, a Vale conseguiu ir, pouco a pouco, expandindo sua produção de minério de ferro, mas de forma ainda muito lenta. Os trabalhadores exploravam e arrancavam minério à braços e transportavam em burros até a estrada de ferro.
O Brasil tinha grandes reservas do mineral, mas a demanda era reduzida. A Vale vivia praticamente só para fornecer matéria prima para as siderúrgicas do país, sendo a maior delas, então, a Companhia Siderúrgica Nacional (CSN).
No final dos anos 50, a Vale era uma empresa acanhada que extraía cerca de 3 a 4 milhões de toneladas/ano, menos da metade do que planejara Farquhar em 1920. Isso representava um faturamento pequeno, dado o baixo valor econômico do mineral bruto.

No início da década de 60 o Brasil não passava de uma espécie de "favelão", que exportava cerca de US$ 1 bilhão em mercadorias agrícolas como café, açúcar e cacau e importava quase tudoo mais. O país não tinha significado algum no comércio mundial.

Em 1961 entra em cena seu novo presidente, Eliezer Batista, "o engenheiro ferroviário que ligou a Vale ao resto do mundo". O qual, percebendo a necessidade dos japoneses de expandir seu parque siderúrgico, grandemente danificado na segunda guerra, criou o conceito de *distância econômica*, o que permitiu à Vale entregar minério de ferro ao Japão a preços competitivos com o das minas da Austrália, através do Porto de Tubarão – nas relações comerciais com o Japão.

> *Abrimos o mercado para um produto que podia valer pouco, mas a idéia era ganhar dinheiro com a "logística", transformando uma distância física (a rota Brasil-Japão-Brasil) numa "distância econômica", (o valor para colocar o minério nas usinas japonesas), explica Eliezer.*

Em 1962, durante o governo João Goulart, a então estatal Companhia Vale do Rio Doce, na época uma acanhada mineradora que vivia para fornecer minério a outra estatal, a Companhia Siderúrgica Nacional, época em que também deu início à construção de um novo portoem tubarão.
Esse porto abriria uma nova era na história do comércio exterior brasileiro. Sua construção foi comandada pelo engenheiro Eliezer Batista, o primeiro presidente da Vale que foi oriundo de seus quadros funcionais de carreira.

> *Foi uma loucura para a época, pois não havia ship designer, nem aço para esse tamanho de navio, conta Eliezer Batista. "...Apesar do enorme risco envolvido, o*

Japão aceitou construir os navios. Foi um casamento de interesse.

Foram assinados, em 1962, contratos de exportação, válidos por 15 anos, com 11 siderúrgicas japonesas, num total de 5 milhões de toneladas/ano - quase que dobrando a produção da Vale. Dessa forma, Tubarão tornou-se a ponte que ligou a Vale ao resto do mundo e permitiu à empresa aumentar significativamente o conjunto das exportações brasileiras.

Com o contrato assinado na bagagem, Eliezer Batista foi aos Estados Unidos pedir um empréstimo ao Ex Im Bank para construir o Porto de Tubarão. Voltou de mãos vazias, Pois os bancos americanos não davam crédito nem ao Brasil nem à Vale, muito menos às usinas japonesas.

O Brasil tinha uma grande quantidade de reservas de minério de ferro, mas ninguém queria comprá-lo. Percebendo a necessidade do Japão, que que precisava do minério para reerguer a sua indústria siderúrgica, quase destruída na II Guerra, e ao mesmo tempo enfrentando e tirando proveito do boicote da Europa e dos Estados Unidos – que não viam com bons olhos a reconstrução do parque siderúrgico japonês – Eliezer Batista viu aí uma oportunidade literalmente de ouro para o Brasil.

No Brasil obteve o incondicional apoio de San Tiago Dantas que colaborou de maneira decisiva para que o porto de Tubarão fosse integralmente financiado com recursos próprios do governo brasileiro – com o tesouro subscrevendo mais ações da Vale. O porto de Tubarão foi inaugurado em 1966.

Porto de Tubarão

Localizado em Vitória e controlado pela Companhia Vale do Rio Doce (CVRD), o Porto de Tubarão é considerado um dos mais completos e eficientes sistemas portuários do país e, também, o maior porto marítimo para o transporte de minério de ferro e pellets do mundo. O Porto ocupa uma área de 18 km, com 3 terminais que operam 24 horas por dia e tem capacidade para receber 700 navios por ano.

Tem como ponto forte o serviço de transportes disponibilizado pela CVRD, que consiste numa ferrovia moderna cuja logística facilita o escoamento da produção dos principais estados do Centro-Leste brasileiro diretamente para o Espírito Santo de forma segura e ágil. É o responsável pela maior parte dos embarques de produtos da CVRD, com capacidade para operar até 90 milhões de toneladas por ano.

Fonte:htttt://WWW.transportes.gov.br/bit/PORTOS/Tubarão, 2008.

Totalmente financiado com recursos do Tesouro Nacional.

Isso gerou um clima de grande confiança entre japoneses com relação ao Brasil, provocando uma enxurrada de investimentos oriundos do Japão em nosso país nas décadas seguintes, que incluem a construção da Companhia Siderúrgica de Tubarão (CST), a instalação, no país, de usinas de pelotização, de companhias de mineração, como a Mineração Serra Geral coma Kawasaki, além da Albrás e da Alunorte (alumínio) e da Cenibra (celulose).

A parceria com os japoneses levou à construção de navios de grande porte (180 mil toneladas na primeira fase), mudando o paradigma logístico dos graneleiro em escala mundial.

Anos seguintes...

Com a criação da Docenave (empresa de navegação da Vale), em 1962, e com a inauguração do Porto de Tubarão, em 1966, a Vale entrou numa nova fase - de crescimento vertiginoso - com sua produção passando de 10 milhões de toneladas/ano em 1966 para 18 milhões em 1970 e atingindo a incrível marca de 56 milhões de toneladas/ano em 1974, ano em que a então estatal assumiu a liderança mundial na exportação de minério de ferro, a qual nunca mais perdeu.

A Docenave, criada em 1962 para levar parte do minério (40%) ao Japão, chegou a ser a terceira maior empresa de navegação graneleira do mundo.

Em 1979, quando tomou posse como presidente da república, o general João Batista Figueiredo trouxe Eliezer Batista de volta à presidênca da Vale. Eliezer estava, desde o golpe militar de 1964, numa espécie de "exílio branco" na Europa, por ter sido ministro de João Goulart.

Eliezer, após duras e complexas negociações, conseguiu retornar a Vale, a qual detinha uma participação de 49,75%

do complexo Carajás que fora descoberto na década de 1970, pela U.S. Steel americana.

Você sabia que...

Entre 1973 a 1979, os Estados Unidos tinham uma base espacial (a Skylab) que foi usada para estudar os recursos naturais do planeta.

O TESOURO DA SERRA DOS CARAJÁS*

Diz à lenda que um dos geólogos das primeiras equipes (de multinacionais) que avançaram a oeste de Marabá, no rumo do que se apresentaria depois como sendo a província mineral de Carajás, a mais importante do mundo, encontrou uma pedra. Consultou o outro geólogo, que era o chefe, sobre o valor da descoberta. "É preta?", quis saber o chefe. "Não, é dourada", informou o subordinado. "Então joga fora, não interessa", sentenciou o chefe. E assim o geólogo pioneiro deixou de descobrir a jazida de ouro do futuro garimpo de Serra Pelada, o mais famoso de todos os tempos no Brasil, do qual foram extraídas pelo menos 40 toneladas do minério.

Na época o que as multinacionais procuravam era a pedra preta, o manganês, o minério do qual era carente a nação mais poderosa da Terra, os Estados Unidos. (Lúcio Flávio Pinto, in 7/03/2008).

Até meados dos anos 60 haviam sido feitos reconhecimentos geológicos na regiãoda Serra dos Carajás, os quais ganharam dimensão empresarial a partir de 1966. A data convencionada para a descoberta do que seria a maior jazida de minério do mundo foi 31 de julho de 1967, com o incidente da descoberta do geólogo Breno.

O trabalho de prospecção mineral na região da Serra dos Carajás começou a ser desenvolvida em 1966 pela Codim, uma subsidiáriada transnacional Union Carbide. A descoberta de importantes jazidas de manganês motivou uma outra transnacional do setor, a United States Steel, a nº 1 do setor, através de uma subsidiária, a Companhia Meridional de Mineração - a iniciar um amplo programa de pesquisas na região. O resultado foi a descoberta de um imenso potencial mineral que inclui a maior concentração de minério de ferro de alto teor do mundo, além de importantes reservas de alumínio, cobre, manganês, ouro, níquel e estanho.

31 de julho de 1967 – Serra Arqueada – Foto que documenta o primeiro pouso nas clareirascom canga de minério de ferro em Carajás. Piloto Aguiar bastecendo helicóptero.

Breno dos Santos e toda a equipe da US Steel acampados na Aldeia Xikrin do Cateté – 22 de julho de 1967.

Castanha do Cinzento – Aeronaves utilizadas para a mudança da base para a clareira N1. 30 de outubro de 1967.

Fontefotos: Acervo do Geólogo Breno concedido ao Patrimônio histórico e cultural de Parauapebas em 2012.

A United States Steel, dessa forma, se apossaria da melhor jazida de minério de ferro que se conhece, com 18 bilhões de toneladas suscetíveis de extração a céu aberto (o suficiente para 400 anos de exploração intensiva).

Durante três anos, as multinacionais mandaram em Carajás. No final da década de 60, os militares passaram a pressionar fortemente até que a US Steel aceitou se associar à CVRD. Em 1970 foi criada a Amazônia Mineração S.A. (AMZA), fruto de uma aliança entre capitais estatais e transnacionais com vista à exploração e exportação de ferro de Carajás.

Os relatos são de que em onze de julho de 1967, um helicóptero sobrevoava a região central do Pará, coberta pela densa floresta, procurando jazidas de manganês. De repente, a neblina tapa a visão. O piloto desce, aflito na primeira clareira que aparece. O recém-formado geólogo Breno dos Santos, funcionário da mineradora americana US Steel, que também estava no aparelho, só ouviu um grito: "Breno, isso aqui tá muito sujo! Olha o rabo do aparelho! Avisa se está perto das árvores que eu cuido da frente!"

O pouso foi de emergência. E deu certo. Só que a clareira não era uma qualquer. O queixo de Breno quase caiu: a vegetação <u>estranha e rala</u>, quase inexistente, indicava claramente, que ali estava uma <u>"canga[1]"</u> área com grande concentração de ferro perto da superfície. O ferro "estraga" o solo e impede as árvores de crescerem. Imediatamente, o geólogo lembrou-se que havia avistado do helicóptero, outras clareiras na região. Era uma concentração absolutamente incomum. Breno tinha acabado de descobrir, nada mais nada menos do que a mais rica reserva de minério de ferro do mundo. Mas elas se confirmaram, e não se tratava apenas de minério de ferro: prospecções posteriores indicaram a existência, num raio de apenas 60 quilômetros, junto às 18 bilhões de toneladas de ferro de alto teor, também de 40 milhões de toneladas de bauxita, um bilhão de toneladas de minério de cobre, contendo 10 milhões de toneladas de cobre metálico, além de ouro, 100 milhões de toneladas de minério de manganês, 47 milhões de toneladas de níquel e 35 mil toneladas de cassiterita.

A revelação deste considerável potencial mineral motivou a criação do Programa Grande Carajás pelo Governo Federal, em 1980, como lembra Breno, com o objetivo de "promover a exploração dos recursos do subsolo em integração com empreendimentos florestais, agropecuários e industriais". Mais tarde, no que depois veio a ser conhecida como a província Mineral de Carajás, foi encontrado ouro, prata, manganês, cobre, bauxita, zinco, níquel, cromo, estanho e tungstênio. Enfim, um verdadeiro Eldorado.

Uma densa vegetação sobre Carajás, menos onde existe ferro.

Em outubro de 1996, os geólogos da Docegeo deram de cara com um novo depósito de ouro em Carajás, chamado Corpo Alemão. Ainda não foi possível definir seu tamanho exato, mas espera-se que contenha muito mais de 100 toneladas do metal. A maior mina de ouro do Brasil, Serra Leste (também em Carajás), tem 150 toneladas é a maior do mundo. As pesquisas em curso mostrarão a que profundidade o metal de Corpo Alemão está. Se estiver fundo, mesmo se encontrar em grande profundidade isso pode inviabilizar economicamente sua exploração com a tecnologia atual que em grande quantidade, sai muito caro explorar. Mas, segundo as primeiras amostras retiradas do solo, devem estar a cerca de 450 metros.

O tesouro de Carajás não é feito só de ouro. Mas a Vale não tem estimativa segura de quanto alumínio, estanho, zinco e cromo existem lá dentro. Para fazer o cálculo, é preciso investir muito em prospecção. Já foram detectados 104 pontos promissores, onde as pesquisas preliminares mostraram que existe metal.

Ao longo de sete anos US Steel e CVRD tentaram acomodar interesses conflitantes até a retirada da multinacional, em 1977. A ex-estatal Companhia Vale do Rio Doce controlava 50,9% das ações da empresa; a Companhia Meridional de Mineração detinha os 49,1% restante. O negócio foi desfeito sete anos depois: os baixos preços no mercado internacional desestimularam a United Steel a participar do programa de investimentos necessários a exportação de ferro. Isto se deu mediante uma indenização de 50 milhões de dólares, a CVRD tornou-se a única empresa participante do Projeto Ferro Carajás. Nos oito anos seguintes, até a partida do primeiro trem, cobrindo os 870 quilômetros entre a mina no coração amazônico, e o porto da Ponta Madeira, ao lado de São Luís, a capital do Maranhão, a Vale suou suor, sangue e dólares para viabilizar Carajás – com sua grande infraestrutura.

Segunda Teoria para a Descoberta da Província de Carajás

Um fato contraditório surge nos relatos de Hilmar Harry Kluck Sertanista e Indigenista (2011), que em 1960, prestou serviços ao Município de Marabá como Topógrafo, onde foi contratado para percorrer o Rio Branco (Rio Parauapebas) para a pesquisa de viabilidade da construção de uma micro hidrelétrica. O relatório final da expedição fazia menção a ocorrência de minério de ferro e manganês. Essas amostras foram encaminhadas ao Governo do Estado do Pará, o qual nunca se soube qual seu paradeiro. Kluckafirma que vivera por longos anos, desde 1952 numa íntima vivência e acompanhando os indígenas. Pois o mesmo foi responsável pelo contato e pacificação com índios de cinco tribos arredias: Assurini, Xikrin, Gavião, Suruí e Arara, que habitavam nas regiões dos rios Araguaia, Tocantins, Xingu e Tapajós. Sua afinidade era tão grande com os Índios Xikrins que participou e auxiliou na grande caminhada dos Xikrins até Parauapebas, onde fixaram a Aldeia até os tempos atuais.

Como Hilmar Kluck já possuía um reconhecimento como Indigenista e Sertanista, em 1966, foi contratado pela empresa Norte Americana Union Carbide, por meio de sua subsidiária no Brasil a CODIM, para dar orientação na floresta, prestou serviços para a Meridional, empresa de pesquisas geológicas responsável pela localização da Província Mineral de Carajás. Desta forma, Kluck afirma que, na verdade, a descoberta do grande tesouro Carajás não ter sido de "americanos" e sim de brasileiros.

A área do Programa Grande Carajás –PGC- de cerca de 900.000 km² inclui terras dos Estados do Pará, Maranhão e Tocantins. Este Projeto está localizado na Serra dos Carajás, no sudeste do Pará, aproximadamente 200 km de Marabá ocupando terras dos municípios de Marabá, Parauapebas, Curionópolis e São Félix do Xingu.

São 525.000 quilômetros quadrados de toneladas de metais. A província Mineral de Carajás é uma dádiva que veio das entranhas da terra trazida por vulcões. Como a CVRD está constantemente ampliando seu parque de exploração mineral, segundo Rogger Agnelli, Presidente da empresa, a previsão hoje é que dure apenas 200 anos.

Terceira Teoria para a Descoberta da Província de Carajás

Durante a ditadura militar, entre os anos 1960 a 1970, o território brasileiro foi inspecionado pelas "Nações Unidas" para se conhecer as áreas com maior concentração de urânio.

25% do território foi prospectado, colocando o Brasil na 6ª posição mundial deste minério. Foram identificados 8 reservas de urânio, a maioria fora da Amazônia.

Será que não vazou informação para a "descoberta" da reserva de Carajás pela United States Steel?

Prospecções Tecnológicas

Segundo o geólogo Gilberto Meneguesso, da Docegeo, o investimento da empresa em tecnologia vêm aumentando o conhecimento sobre os recursos da Província. Entre as novidades tecnológicas estão a prospecção feita por sensores aéreos e espaciais, os novos softwares que interpretam os dados captados pelos sensores e métodos químicos como o móbile metal íon, que detecta a quantidade mínima de metais numa amostra de solo.
A técnica mais usada é a dos sensores instalados em satélites e aviões que varrem a região enviando sinais eletromagnéticos ao solo. Ao esbarrar em uma área com metal condutor de eletricidade, o sinal retorna com maior intensidade. Feito o registro, os técnicos vão até o local e retiram amostra do solo que são levadas para um laboratório onde identifica-se a quantidade de minério nelas.

MANGANÊS

O manganês é um metal cuja importância cresce a cada dia em todo o mundo. É o quarto metal mais usado em termos de tonelagem. No ranking está abaixo do ferro, alumínio e cobre, numa ordem de grandeza de 29 milhões de toneladas de minério lavrado anualmente.(PUC-Rio - Certificação Digital Nº 0321309/CA30). O mineral tem a função desoxidante na siderurgia, entra na composição de várias ligas de aços, além de ter diversas outras finalidades – com usos que vão da fabricação de fertilizantes ao clareamento de vidros, na construção de pilhas secas à produção de tintas e vernizes.

O consumo de pilhas secas no mundo está entre 12 e 15 bilhões de unidades por ano que é uma variedade de quartzo.

O sulfato de manganês é usado extensamente como produto final dos fertilizantes e na alimentação animal, e como um produto intermediário na indústria química.

O carbonato de manganês de alta pureza é uma das matérias-primas mais requisitadas pela indústria de componentes eletroeletrônicos e já é produzido no Brasil.

Há empresas fabricantes de cerâmicas magnéticas (ferrite de manganês-zinco). Essas cerâmicas são utilizadas na produção de indutores, transformadores e filtros de aparelhos eletrônicos, como computadores e TVs, além de equipamentos de telecomunicações e de iluminação.

O carbonato de manganês é um produto caro e muito disputado no mercado de componentes eletrônicos. Os principais produtores são Bélgica, Estados Unidos e Japão. O manganês bruto chega a esses países a US$ 90 a tonelada e o produto final (o carbonato de manganês de alta pureza) é vendido às indústrias eletroeletrônicas por US$ 1,5 mil a tonelada.

Com o fim da Guerra Fria a antiga União Soviética deixou de suprir o mercado norte-americanodo mineral, diminuindo a oferta e aumentando a cotação internacional do produto.

É nesse cenário que surge projeto de manganês **Serra do Navio**.

Construiu-se uma verdadeira cidade ao lado das minas para alojar diretores, engenheiros, técnicos, operários e suas respectivas famílias. Implantaram-se escola, postos médicos e áreas de lazer. Arquitetos e urbanistas foram chamados para planejar prédios de acordo com a realidade amazônica. Trilhos de aço rasgaram 194 km de selva para ligar Serra do Navio a Santana, a fim de escoar a produção e transportar o pessoal. Um dos maiores portos naturais da

Amazônia foi adaptado e começou a receber gigantescos navios para levar de Serra do Navio aos Estados Unidos.

Uma visita de bilhões

REVISTA VEJA

22 de setembro de 1976

Distante 18.000 quilômetros de Brasília, o presidente Geisel negocia, em Tóquio, acordos mais vultosos que os celebrados nas viagens a Paris e Londres. Assim anunciava a Revista Veja na época.

Fonte:
http://vejaonline.abril.com.br/notitia.2008.

Os resultados - Euforia -9 bilhões de dólares - de negócios fechados só na área de minas e energia. "Conseguimos fazer tudo o que esperávamos e mais alguma coisa".

Riquezas Minerais da Amazônia

Segundo Estudos Avançados, (vol.16 no.45 São Paulo May/Aug. 2002), por Breno Augusto dos Santos, até o início da década de 1960, o conhecimento do subsolo da Amazônia estava restrito aos relatórios de viagem de poucos pesquisadores, normalmente limitados à calha dos grandes rios. A atividade mineral resumia-se apenas a um grande empreendimento — produção de minério de manganês pela ICOMI no Amapá — e a poucos garimpos de diamante, ouro ou cassiterita.

Em termos mundiais, a maioria dos depósitos minerais metálicos está situada em terrenos pré-cambrianos, pertencentes ao mais longo período de formação da crosta terrestre, do início da solidificação do planeta até 570 milhões de anos atrás. As condições físico-químicas nesse período — particularmente na fase inicial do Arqueano, há mais de dois bilhões de anos — eram bastante diferentes das de hoje, com a crosta bem menos espessa, o que propiciava a ascensão de metais das zonas mais profundas da Terra.

A Amazônia brasileira além de abrigar um terço das espécies vivas do planeta, possui uma das maiores e mais diversificadas reservas minerais do planeta. Seu subsolo é igualmente rico: o estoque de minério foi estimado por especialistas em 7,2 trilhões de dólares. Existem grandes jazidas de ouro, cobre, cassiterita, titânio, estanho, chumbo, tântalo, zinco, columbita, urânio, nióbio.

...as áreas de pré-cambriano*da região amazônica correspondem a cerca de 40% do seu território.

Programas realizados pela Petrobrás, nas últimas duas décadas, levaram à localização de depósitos de óleo e gás. As descobertas mais significativas ocorreram na região dos rios Juruá (gás) e Urucu (gás e óleo), na sub-bacia do alto Amazonas.

Entretanto, alguns especialistas em prospecção de petróleo acreditam que as possibilidades da região, principalmente para gás, são bem maiores que as detectadas até o presente.

Esta conclusão é baseada na existência de condições para a geração e acumulação comercial de hidrocarbonetos. Chegam a ampliar a possibilidade de sucesso inclusive para as sub bacias do médio e baixo Amazonas.

Do Paleozoico, há na Amazônia consideráveis depósitos de calcário, associados a sequências do Carbonífero. Esses depósitos têm sido pesquisados para a fabricação de cimento; porém, poderão vir a ter importância como corretivo de solos, quando houver um programa de desenvolvimento sustentado que possibilite o aproveitamento seletivo dos solos da Amazônia, particularmente junto à calha do grande rio.

Parte dos depósitos de bauxita, dos distritos de Almeirim e Paragominas-Tiracambú, apresentam características químicas — baixo teor de ferro — que permitem sua utilização na indústria de refratários. Foram abertas duas pequenas minas para o aproveitamento deste tipo de minério, nas proximidades das cidades de Almeirim e de Paragominas.

Província mineral de Carajás

Entre as áreas pré-cambrianas da Amazônia, destaca-se a "província mineral de Carajás". Sua evolução foi beneficiada por uma série de eventos geológicos, desde a consolidação de sua crosta até os tempos mais recentes, todos bastante favoráveis à formação de depósitos minerais. A conjunção de fatores, tais como tectonismo, vulcanismo, plutonismo, intemperismo e erosão, ocorrida numa área relativamente limitada — da ordem de 40 mil quilômetros quadrados — deu origem a um conjunto expressivo de jazimentos minerais de interesse econômico.

Na província mineral de Carajás, predominou um vulcanismo básico arqueano, responsável pela metalogenia do ferro, do cobre (com zinco subordinado), do manganês e do ouro.

A geologia de Carajás possui características próprias, não reproduzidas em outras províncias metalogenéticas da Terra. Alguns geocientistas que têm estudado a região chegam a considerar o vulcanismo básico arqueano como sendo um *greenstone belt*, mas com características específicas nessa província — *greenstone belt* do tipo Carajás.

Tudo começou na segunda metade da década de 1960, quando duas empresas americanas iniciaram programas de prospecção mineral na região com o objetivo de descobrir jazidas de manganês: a Union Carbide, para suprir suas fábricas de pilhas eletrolíticas, e a United States Steel, para alimentar suas siderúrgicas. Ambas tiveram sucesso em seus objetivos: a Union Carbide localizou os depósitos do

Sereno, em 1966, nas proximidades de Marabá, mas a United States Steel, um ano depois, foi mais aquinhoada pela sorte, descobrindo os depósitos de Buritirama e também as fabulosas jazidas de ferro de Carajás.

As jazidas de ferro de Carajás, com seus 18 bilhões de toneladas de minério, correspondem à maior concentração de alto teor já localizada no planeta. Estão distribuídas em quatro setores principais: serra Norte (N1, N4 e N5), serra Sul (S11), serra Leste e serra de São Félix, no extremo oeste da região.

O primeiro depósito econômico de cobre da Amazônia foi descoberto em Carajás, em meados da década de 1970, nas proximidade do igarapé Salobo e a noroeste das jazidas de ferro de serra Norte. O cobre está associado a magnetita e ouro, com prata subordinada.

Esses estudos permitiram a seleção de mais de cem alvos com potencialidade para ocorrências de cobre, alguns com programas de pesquisa em desenvolvimento (Gameleira, Sossego, Liberdade, etc.). Os depósitos têm como característica fundamental a associação com magnetita e ouro.

Pesquisadores, bem como técnicos das empresas que atuam em Carajás, afirmam que a província de Carajás apresenta um considerável potencial, podendo vir a ser um importante polo de produção de cobre no início do século XXI, só superado pelos Andes chilenos.

A pesquisa da anomalia de cobre do igarapé Bahia possibilitou a descoberta, em 1985, de um depósito residual de ouro, resultante da atuação dos processos de laterização em rochas vulcânicas básicas mineralizadas a cobre e ouro. Corresponde à mais importante jazida de ouro pesquisada até o presente na Amazônia. Sua lavra foi iniciada em 1991; sua capacidade atual de produção é de 10 toneladas por ano, o que a classifica como a maior mina de ouro do Brasil. Os recursos totais em ouro, na zona intemperizada, eram da ordem de 100 toneladas.

Deverá haver expressiva produção de ouro, como subproduto da mineração dos depósitos de cobre de Carajás. Na lavra da jazida do Salobo, está previstaa recuperação de 8 toneladas de ouro, para uma produção anual de 200 mil toneladas de cobre.

Além dos elementos citados, a região apresenta potencialidade para depósitos de zinco, estanho e, eventualmente, diamante. Entretanto, sua evolução metalogenética determinou uma vocação preferencial para ferro e cobre, com ouro subordinado.

Os recursos minerais da Amazônia somente poderão dar maior contribuição ao desenvolvimento nacional — e regional — quando o processo de industrialização do país permitir a elaboração de produtos finais com elevado grau de tecnologia agregada. Só assim será possível uma melhor remuneração para os produtos de origem mineral, que tenham maior competitividade nos mutantes mercados atuais, num mundo onde há enorme diferença entre exportar *potato chips* ou *micro chips.*

Investimentos terão que ser feitos para o desenvolvimento de uma competência científica e tecnológica na Amazônia, voltada para a sua realidade e seus recursos. E, antes de tudo, é necessário que sejam feitos esforços para a valorização do homem da região, para que ele possa participar — com responsabilidade — e usufruir — com qualidade de vida — do aproveitam*ento de suas riquezas.*

Serra dos Carajás

A Serra dos Carajás é formada por três sinclinais os quais compreendem, nos seus pontos altos, o que se convencionou chamar de Serra Sul, Serra Norte e Serra Leste.

Sobre a Serra dos Carajás os antecessores da Cia. Vale do Rio Doce – a Meridional, uma canadense, e a AMZA – Amazônia Mineração S.A. e, por legado de compra, a CVRD, detinham o direito de lavra, concedido pelo DNPM – Departamento Nacional de Pesquisas Minerais.

Mesmo após a chegada da Meridional a Carajás, só se alcançava a Serra por via aérea, e mais, através de hidroaviões. Essa situação permaneceu até que fosse construído o aeroporto de N-1, e, depois, o de N-5, já na década de 1980. Com a abertura das PA-275 – ramal Eldorado a Carajás, a sócio-geografia altera-se radicalmente, sobretudo a partir da descoberta de ouro na Serra dos Carajás.

Serra dos Carajás no final dos anos 70.

Fonte:Arquivo pessoal de Chico Brito. 08/2008.

PROJETO CARAJÁS

Carajás é um sistema integrado que abrange mina, ferrovia e porto. É o projeto de exploração da província mineral mais rica do mundo, que em suas origens, houve a participação do capital estrangeiro, estatal e das empresas privadas brasileiras. Sua regulamentação obedecia aos decretos-leis Nº 1.813 e 85.387, e a coordenação geral dos trabalhos – afetos a oito ministérios – que cabia ao ministério do planejamento. Já a partir de 1970, as jazidas de ferro estavam estimadas entre 18 e 20 bilhões de toneladas – sendo que 66 por cento de minério de alto teor - , capaz de suportar 400 anos de exploração intensa. E também existem jazidas de cobre, estanho, ouro, alumínio, manganês e níquel, passíveis de exploração por uma tecnologia relativamente simples (e, portanto, de baixo custo). Tamanha descoberta levou o Conselho Interministerial a se reunir pela primeira vez em agosto de 1981, com a finalidade de sistematizar as políticas e os critérios a se adotar no Projeto Grande Carajás, sendo:

> - Agilizar o aproveitamento dos recursos existentes nos setores mineral, florestal, energético, hidrelétrico e agrícola;
> - Canalizar a produção realizada diretamente para o setor externo, sob forma de pagamento da dívida externa; (Hoje poderia ser um gerador de recursos para políticas sociais: educação, informatização, qualidade de vida, etc).
> - Captar no exterior os investimentos necessários;
> - Adotar medidas de cautela quanto à contaminação e poluição.

No programa Ferro Carajás o total dos investimentos exigidos foi na ordem de 8 bilhões de dólares e contou com investimentos externos, de empresas nacionais e financiamentos advindos dos Estados Unidos, Japão, Banco Mundial e do Mercado Comum Europeu, que foram pagos em minério. Imaginem: construída com tantos recursos e privatizada por R$ 3,**338**bilhões (o equivalente a US$ 1.479 bilhão (conforme cotação do dólar em janeiro de 2009).

O motivo de a estrada Ferro Carajás ser direcionada pelo estado do Maranhão através do Porto do Itaqui e Madeira e não por Belém não foi por razões políticas como muitos "oportunistas" sugerem,   e sim foi em função do custo operacional para a Companhia e maior profundidade para ancorar os navios exportadores.

A Companhia Vale do Rio Doce (CVRD) tornou-se, em 64 anos, a maior empresa de mineração diversificada das Américas e a segunda maior do mundo.

Opera em 14 estados brasileiros e nos cinco continentes e possui mais de nove mil quilômetros de malha ferroviária e 10 terminais portuários próprios. É a maior empresa no mercado de minério de ferro e pelotas (posição que atingiu em 1974 e ainda mantém) e a segunda maior produtora integrada de manganês e ferroligas, além de operar serviços de logística, atividade em que é a maior do Brasil.

No Brasil, os minérios são explorados por três sistemas totalmente integrados, que são compostos por mina, ferrovia, usina de pelotização e terminal marítimo.

Para a realização desse projeto, foi criada uma grande infra-estrutura, que inclui a Usina hidrelétrica de Tucuruí,uma das maiores do mundo, a Estrada de Ferro Carajás-Itaqui e o Porto de Ponta da Madeira, localizado em Itaqui, (MA). A energia elétrica de Tucuruí é vendida para essas empresas com 15% de desconto.

23 mil homens estiveram envolvidos na construção do Grande Projeto Carajás – ou **"Carajazão" que propunha-se a ser o maior projeto de desenvolvimento integrado**

do mundo. Cujo objetivo era gerar divisas para o país e eliminar as desigualdades sociais.

Fonte: *Ciência Hoje*, ano 1, n. 3, p. 32

Fonte: Lúcio Flávio Pinto,**Os Grandes Projetos e a Economia Regional.**

Porto do Itaqui

O **Porto do Itaqui** é um portobrasileiro localizado na cidade de São Luis, no estado do Maranhão. Itaqui é nacionalmente conhecida por possuir as maiores amplitudes de maré do Brasil, chegando à casa dos oito metros.

O **Porto do Itaqui** está localizado no interior da Baía de São Marcos. O canal acesso possui profundidade natural mínima de 27 metros e largura aproximada de 1,8Km, bem como a largura do canal (1.800m.).

As obras no porto do Itaqui, na Baía de São Marcos, começaram em 1960 e em 1974, foi entregue ao tráfego um cais com 637 metros de extensão. De 1973 até 2001, o porto do Itaqui foi administrado pela Companhia Docas do Maranhão – Codomar, subordinada ao governo federal. E a partir desta data, através de convênio estabelecido entre o Ministério dos Transportes e o Governo do Estado do Maranhão, o porto do Itaqui passa a ser administrado pela Empresa Maranhense de Administração Portuária – Emap; empresa estatal, responsável por administrar e explorar o porto do Itaqui, cais de São José do Ribamar e os terminais de Ferry-Boat da Ponta da Espera e do Cujupe (Alcântara).

O porto dispõe de 1.616 metros de cais acostável com profundidade variando entre 9 e 21,5 metros, distribuídos em sete trechos distintos, os berços: 101, 102, 103, 104, 105, 106 e 107.

A expectativa é que Itaqui receba uma refinaria, uma usina termoelétrica e o Estaleiro Mauá, o que exigirá investimentos no porto de aproximadamente R$ 4,5 bilhões até 2015.

Além dessas instalações fazem parte também do complexo portuário de São Luís dois terminais de uso privativo: Terminal Ponta da Madeira pertencente à empresa Vale do Rio Doce (CVRD), e o Terminal ALUMAR pertencente à Alcoa Alumínio S.A. – Billitan Metais e Alcan. O píer petroleiro é o mais novo trecho de cais com 320 metros de extensão, correspondendo aos berços 106, já em operação e 107 que depende de dragagem e derrocagem para possibilitar sua operacionalidade. As principais cargas embarcadas pelo porto são: minério de ferro, minério de manganês, ferro gusa, soja, criolita, silício, derivados de petróleo, alumínio, alumina; e as principais cargas importadas constituem: derivados de petróleo, fertilizantes, trigo, carvão/coque e piche.

Jornalista: Nereu Leme – MTb: 9460 (Internet)

Fonte: Ministério dos Transportes. http://www.transportes.gov.br. Porto do Itaqui. http://www.portodoitaqui.ma.gov.br/

A chegada da Vale no Sul do Pará

Em 1974, o governo federal concedeu a lavra de minério de ferro na região(Carajás) à Amazônia mineração AMSA-, empresa absorvida pela CVRD em abril de 1981, a qual assinou os termos de emissão de posse das jazidas de minério de ferro.

O ano de 1979 marcou o início efetivo da implantação do projeto ferro Carajás, integrado pelo sistema mina, ferrovia e porto, pelas instalações auxiliares e pelo núcleo urbano, tornando-se meta prioritária da estratégia empresarial da CVRD.

As reservas foram definidas em quatro jazidas: serra norte, serra sul, serra leste e serra são Felix, além das jazidas de minério de ferro, foram descobertos ainda na região de Carajás, depósitos significativos de manganês, níquel, cobre estanho alumínio e ouro.

PRIMÓRDIOS DE CARAJÁS EO POVOADO PARAUAPEBAS

Quando o projeto da Vale começou, em 1981, Parauapebas era apenas uma vila de cinco mil pessoas que pertencia ao município de Marabá.   A mineradora trouxe gente dos quatro cantos do Brasil, além de progresso, empregos e um modo de vida completamente urbano, com suas vantagens (serviços melhores, principalmente) e desvantagens violência, alto custo de vida). (Apud Felipe Awi)
As lendas de riqueza, emprego e dinheiro, no entanto, continuaram correndo o país afora, atraindo cada vez mais gente para Carajás. A CVRD, "antecipando-se à ocupação descontrolada que tende a ocorrer na periferia dos grandes projetos", implantou um núcleo habitacional em Parauapebas, pequena vila que fica na entrada da Serra dos Carajás, preocupada em "conjugar o desenvolvimento material com a harmonia social".

A realidade, porém, superou qualquer planejamento, Parauapebas, em pouco tempo, transformou-se num imenso favelão.Em 6 de dezembro de 1984, contava com mais de 7 mil habitantes, gente que veio de todos os cantos do Brasil em busca de trabalho. Apesar das várias operações da Polícia Federal queimando casas para impedir que o favelão crescesse, quem quase acabou com Parauapebas, em julho último, foram os garimpeiros de Serra Pelada, com o seu fechamento.

CARAJÁS CORRE PARA INICIAR A PRODUÇÃO

Publicado na **Folha de S.Paulo**, sábado, 06 de dezembro de 1984

Na N 4, a primeira jazida a ser explorada no Projeto Carajás, apenas quatro homens trabalham num clarão de terra vermelha no meio da mata. Com três caminhões basculantes e um guindaste elétrico, eles fazem o decapeamento da mina, retirando a cobertura de material estéril e preparando as bancadas para extração de ferro.
Foram aceleradas as obras da Estrada de Ferro Carajás (faltam pouco mais de cem quilômetros) para que possa ser inaugurada a 28 de fevereiro. Mas Carajás só começa a produzir efetivamente em meados de 86, quando ficar pronta a usina de beneficiamento, que processará 15 milhões de toneladas/ano, numa primeira etapa. No início, a produção de Carajás se limitará à usina piloto, instalada e com capacidade para processar 1,5 milhões de toneladas/ano. Só em fins de 87 o Projeto Ferro Carajás estará em condições de atingir a produção de 35 milhões de toneladas/ano. O complexo mina-ferrovia-porto terá gerado, então, exatos 5.683 empregos diretos, para um investimento que já supera US$ 3 bilhões e uma receita prevista, a preços de hoje (vinte dólares a tonelada de minério de ferro), de US$ 700 milhões por ano.

Carajás, sob constante ameaça dos garimpeiros

Como o governo federal estava demorando a cumprir sua promessa de liberar Serra Pelada, milhares de garimpeiros incendiaram os prédios da delegacia e da subprefeitura em Parauapebas, destruíram a guarita da segurança da CVRD, queimaram casas comerciais e ameaçaram invadir Carajás, o que só não aconteceu porque o governo do Pará enviou em oito aviões tropas da Polícia Militar de Belém e Marabá. "Qualquer problema que surge em Serra Pelada, os garimpeiros agora ameaçam invadir Carajás", contava um funcionário da CVRD.

Parauapebas não existia há quatro anos. Com a enchente do garimpo de Serra Pelada, que fica a pouco mais de 100 quilômetros de Carajás, surgiram alguns prostíbulos, onde o pessoal ia "furar o couro", "trocar o óleo", como se diz lá. A polícia queimava (esses prostíbulos), as mulheres refaziam suas taperas e assim veio um comércio, depois outro, o povoado foi-se formando. Com 3 anos, Parauapebas já tinha até uma Associação de Moradores. Mas continuava sem água e sem luz.

Quem não tinha jeito para garimpeiro vinha aventurar um emprego em Carajás, mas as ofertas eram poucas para tantos pretendentes. Muitos foram ficando por aqui, sem dinheiro para voltarem à suas cidades de origem. - Uma vez, a Polícia Federal queimou 30 barracos de tardezinha. Quando foi no outro dia, tinha 60 barracos no lugar. No começo, era quase só mulherada, mas depois foram vindo famílias. Alguns arrumaram lugar para trabalhar na serra, mas não conseguiram casa e a família fica aqui (no povoado Parauapebas).

Em Parauapebas já chegou a existir 122 cabarés, segundo o último levantamento (na época).

Eram dias difíceis e o ambiente ia ficando mais tenso e tinha-se a impressão de que a qualquer momento esta gente podia explodir sua revolta. Bastava sair da porta para o estranho ser cercado: era homem em busca de trabalho, e mulher em busca de homem.

Carajás se prepara para exportar o minério de ferro

Por RICARDO KOTSCHO

Um enorme clarão de terra vermelha no meio da mata e apenas quatro homens trabalhando em três caminhões basculantes e um guindaste elétrico: é este o cenário da N4 e, a primeira jazida a ser explorada no Projeto Ferro Carajás, a partir do próximo ano. Eles estão agora fazendo o trabalho de decapeamento da mina, retirando a camada de cobertura constituída de material estéril e preparando as bancadas para extração de minério de ferro de alto teor.

Em fins de novembro, cerca de 16 mil homens estavam trabalhando no projeto, a metade deles na Serra dos Carajás, que contava com dois clubes, um centro comunitário, um cinema, três supermercados, aeroporto, rodoviária, padaria, farmácia, centro comercial, três bancos, escolas e uma igreja comunitária, além de um hotel.

O projeto não é solução para a crise

Certamente não era isso que imaginava o geólogo Breno Augusto dos Santos ao descobrir as primeiras jazidas da maior província mineral do mundo. Realista, sem ufanismos, mas preocupado com o destino do povo da região e dos que aqui chegam em busca de trabalho do que com números e dólares, Breno, diretor regional da Docegeo, subsidiária da CVRD, adverte:

- Nas próximas décadas, deverá aumentar a dependência dos países industrializados ao subsolo das nações em desenvolvimento e, diante dessa expectativa, é que Carajás começa a ser explorado. Conforme a política que orienta o seu desenvolvimento, seus recursos poderão apenas contribuir, através do aumento da oferta, para manter o baixo preço das matérias-primas nos mercados internacionais, com suas riquezas contribuindo para o financiamento do progresso das nações industrializadas.

Que fazer, então, para evitar que isso aconteça? - Caminhos terão que ser encontrados para se implantarem indústrias de transformação na região, que realmente possam vir a contribuir para o seu desenvolvimento socioeconômico, através de empreendimentos integrados ou complementares. Não se deve considerar Carajás como a panaceia para todos os problemas econômicos que estão sendo enfrentados, mas sim no seu real contexto, ou seja, uma das maiores concentrações de recursos minerais da terra, que está começando a ser explorada quando a maioria das nações começa a exaurir suas próprias fontes, encravada numa região e num país que necessitam produzir riquezas para a melhoria da qualidade de vida da sua sociedade.
Por enquanto, porém, para os "peões de firma" que aqui chegam em busca de trabalho, "isto aqui é o fim da linha, daqui não tem mais onde procurar serviço".
 - O futuro do Brasil é um problema muito sério. Acho que o que mais prejudica é a grande falta de amor entre os homens grandes, que deviam pensar mais nos pequenos.

O projeto Grande Carajás entrou em operação em 1985, o que permitiu à Vale bater novo recorde na extração de minério deferro, em 1989, com 108 milhões de toneladas métricas.

Inauguração da EFC e a presença do presidente Figueiredo e o governador Jader Barbalho. Visando promover o desenvolvimento, o governo pretendia construir uma corredeira de fábricas ao longo da rodovia. Otimista com o Projeto Ferro Carajás, o presidente João Figueiredo esclareceu que o PFC:

- Enriquecerá o país;
- Aumentará divisas;
- E alimentará a indústria para o crescimento econômico nacional.

O trem de Carajás tornou-se símbolo de progresso. Acreditava-se que o progresso e a civilização chegavam à Amazônia oriental. Entretanto, o ferro de Carajás é exportado praticamente in natura, com baixa geração de empregos e, portanto, de renda. A exportação do minério in natura, serve para alimentar fábricas fora do país (Japão, EUA, Alemanha e China), alimentando outras economias de 1º mundo.

Na reportagem da Globo (As riquezas minerais da Amazônia, 20/05/2010), o engenheiro que criou Carajás , Eliezer Batista afirma que um polo industrial ao lado da mina seria a estratégia.

> A ideia original nossa não era só vender minério de ferro, nós sempre acreditamos que você tem que agregar valor em todo produto. Nenhum país fica rico vendendo matérias-primas ou commodities.

Atualmente (06/2010), 85% do minério de ferroque a mina produz são exportados.
A título de exemplo vale lembrar: o segredo do crescimento chinês que gira em torno do binômio industrialização versus exportação.

Infelizmente, essa riqueza **"in natura"** vai para o exterior para desenvolver os países ricos que industrializam o minério e revendem produtos com valores agregados mais caros para o Brasil como máquinas e produtos industrializados de alta tecnologia – o que relembra o período colonial. A vale como um grande império, foi erguido por milhares de operários e operárias nos últimos 67 anos.

A linha de trilhos, que corta 22 municípios nos dois estados, foi construída para escoar principalmente o ferro proveniente da maior província mineral do mundo, a Serra dos Carajás. Os vagões também transportam outros carregamentos valiosos como soja, combustível e fertilizantes até a capital maranhense de onde são exportados para o mundo inteiro através dos **Portos de Itaqui** e **Ponta da Madeira.**

Quando foi privatizada, em 1997, a Vale produzia 114 milhões de toneladas/ano, nível que se manteve praticamente estável nos dois anos subseqüentes à privatização, para subir acentuadamente em 2000 - quando da incorporação à Vale das mineradorasSamitri, Socoimex e da participação na GICC. Devido a essas incorporações, torna-se mais difícil a comparação direta dos números de produção, de 2000 em diante, com os anteriores. Logo após a privatização, entretanto, os lucros da empresa aumentaram consideravelmente. Um ano após a privatização, a Vale atinge crescimento de 46% no lucro em relação a 96. Em 1999, a Vale até então tem o maior lucro da sua história: R$ 1.251 bilhão.

Em 2002 a Vale incorporou a Feterco e, em 2003, aCaemi (mineradoras).

Em 2005, sua produção de minério de ferro - que engloba a produção da Samitri e de todas as suas incorporadas a partir de 2000 - se elevou a 255 milhões de toneladas, sendo 58 milhões destinadas às siderúrgicas brasileiras e 197 milhões destinadas à exportação.

Dentre outros investimentos importantes que a Vale realiza, pode-se citar o incentivo à implantação de novas siderúrgicas no Brasil através de participação minoritária e o controle de uma das maiores estruturas de logística do país, incluindo ferrovias e navios.

EXPORTAÇÕES DE MINÉRIO DE FERRO – PROJEÇÕES 2005-2014:

Ano	1.000t	Ano	1.000t	Ano	1.000t	Ano	1.000t
1994	96.618	1996	100.840	1998	116826	2004	204.768
1995	103.340	1997	105.320	1999	106126	*2014	409.536

Segundo dados do Departamento Nacional de Produção Mineral – DNPM, as exportações de bens minerais atingiram o montante de US$ 23.245.429.000 em 2004. Apresentou um crescimento de 34% sobre o ano anterior. Os 12 principais bens exportados (em valor) foram os seguintes:

Bens Minerais Exportados em 2004	Valor (em US$ mil)
Ferro	11.326.580
Petróleo (inclusive derivados)	4.378.997
Alumínio (inclusive bauxita)	2.450.424
Rochas ornamentais	597.111
Cobre	445.317
Ouro	414.340
Nióbio	303.108
Manganês	274.689
Níquel	255.983
Caulim	233.360

| Fosfato | 222.174 |
| Crisotila | 142.905 |

Fonte: DNPM – (Departamento Nacional de Produção Mineral), 2004.

Entre 1969 e 1979, as vendas da CVRD ao exterior cresceram 285% e a empresa se consolidou como a maior exportadora de minério de ferro do mundo, posição que ocupa hoje. Segundo GODEIRO (at al, 2007), a estimativa é de que a produção mundial de minério de ferro, em 2005, tenha alcançado a ordem de 1,5 bilhão de toneladas. A posição brasileira alcançou a 2ª posição no ranking mundial, com 281 milhões de toneladas. A Vale produziu 246 milhões de toneladas. O que significa ser um verdadeiro monopólio (no controle de uma empresa privada).

O Brasil e a Austrália disputam o 1ºlugar na produção de minério de ferro no mundo. Os 2 países juntos são responsáveis por cerca de 70% da produção deste minério. As reservas brasileiras estão estimadas em 27 bilhões de toneladas, correspondendo a quase 7% das jazidas mundiais.

Segundo Rrepórter Brasil (11/2007), são 300 mil toneladas de minério de ferro retiradas por dia das quatro minas a céu aberto em Carajás.

O relatório anual da Pricewaterhousecoopers de 2006, que faz uma análise da situação mundial da mineração "O setor minerador cresceu três vezes mais que os demais setores industriais. Como expressão disto, as 40 maiores mineradoras do mundo arrecadaram US$ 222 bilhões de dólares em 2005. O crescimento do lucro frente ao ano de 2002 foi de 800%".

A cadeia do alumínio: bauxita, alumina, e alumínio primário

A produção da *cadeia do alumínio* da Vale em 2005 foi de 6,9 milhões de toneladas de bauxita, 2,6 milhões de toneladas de alumina e 496 mil toneladas de alumínio primário, níveis recordes. Com a alta do alumínio em início de 2008, o preço subiu para US$ 3.100.

Está em desenvolvimento a mina de bauxita de Paragominas, no Estado do Pará, cujo início de produção era previsto para o primeiro trimestre de 2007.

Após a entrada em operação de seus módulos 4 e 5, inaugurados no primeiro trimestre de 2006, aAlunorte se tornou a maior refinaria de alumina do mundo.

Minerais não ferrosos

Em 2005 a Vale inaugurou sua atuação na indústria de concentrado de cobre (o primeiro ano completo de operação da Mina do Sossego) e já conta com 13 clientes, situados em 11 diferentes países.
Foram iniciadas as obras da usina hidrometalúrgica de Carajás, com capacidade de 10 mil toneladas anuais de cobre catodo. Construída junto à Mina do Sossego, objetiva testar a tecnologia da rota hidrometalúrgica para o processamento do minério de cobre, com vistas a processar, no futuro, o minério a ser produzido pelos depósitos do Salobo e Alemão.
A produção de cloreto de potássio, matéria-prima da indústria de fertilizantes, foi de 641 mil toneladas, outro recorde histórico, e suas vendas foram de 640 mil toneladas.
A produção de total caulim, em 2005, foi de 1,218 milhão de toneladas.

Carvão

A Vale associou-se à *Henan Longyu Energy Resources Ltda. (Longyu)*, empresa localizada na China e da qual a companhia possui 25% do capital, em associação com empresas chinesas.

Em 2006, chegou ao terminal de Praia Mole, em Vitória (Espírito Santo), o primeiro carregamento de carvão antrácito, de 40 mil toneladas produzido pela Longyu.

A Vale adquiriu 25% do capital da *Shandong Yankuang International Coking Co.*, Associação com o *Yankuang Group Co.* e *Itochu Corporation*, para a produção de coque metalúrgico.

A Vale pesquisa ainda dois depósitos de carvão: o depósito de Moatize, em Moçambique, onde estima ser possível produzir 14 milhões de toneladas de produtos carvão metalúrgico e o depósito de carvão subterrâneo Belvedere, em Queensland, Austrália, com reservas estimadas em 2,7 bilhões de toneladas.

Serviços de logística

A Vale é a principal fornecedora de serviços de logística no Brasil, sendo responsável por 68% da movimentação de cargas em ferrovias e 27% da movimentação portuária.

Foi responsável pela movimentação, incluindo transporte ferroviário e serviços portuários, de 18% das exportações brasileiras de soja e por 9% da movimentação na importação de fertilizantes.

A CVRD possui a maior frota de navios transportadores de grãos do mundo e as principais ferrovias brasileiras, com 9 mil quilômetros de trilho.

A companhia foi a principal empresa no transporte marítimo de carga entre Brasil e Argentina em 2005.

A Vale investiu 1,8 bilhão de reais em 2005 na sua infra-estrutura de logística, tendo adquirido 5.414 vagões e 125 locomotivas para utilização no transporte de seus produtos e de carga geral para clientes na Estrada de Ferro Carajás-EFC, Estrada de Ferro Vitória a Minas - EFVM e Ferrovia Centro-Atlântica - FCA. Existe também o TVV - Terminal Marítimo de Vila Velha no Espírito Santo.

Vale anuncia duplicação parcial e troca de dormentes nos trilhos

Com o aumento da demanda e do volume de negócios internacionais a Companhia Vale do Rio Doce está diretamente focada no seu setor de logística. Dependente da Estrada Ferro Carajás (EFC) para escoar por porto do Maranhão o minério retirado no Pará, a empresa investe pesado em tecnologia para controle dos trens de carga e está realizando uma duplicação parcial da ferrovia que só deve acabar em 2012. A CVRD, segundo O JORNAL TOCANTINS, não pensa em aumentar o número de trens circulando na ferrovia, o que só prejudicaria o tráfego dos mesmos, e sim ampliar o número de vagões em cada um dos trens já existentes. Hoje, cada composição carrega 212 vagões. Com a ampliação dos pátios, os trens passarão a levar 220 vagões até o final de 2007, saltando para 312 vagões após a duplicação.

São 56 pátios de cruzamento de trens ao longo da ferrovia Carajás que estão recebendo ampliação, o que, ao final deve significar 546 km de trilho duplicado. A velocidade máxima de um trem de minério carregado é de 70 km/h e de 80 km/h quando vazio, mas a empresa garante que a média de velocidade na EFC tem girado em 45 km/h devido ao grande número de cruzamentos.

Patrick Roberto (Jornal Tocantins, 5 de novembro de 2007)

Reservas

O *ICEE-98 - International Conference on Engeneering Education*, realizado no Rio de Janeiro em 1998, calculou que suas reservas de minério de ferro, só em Carajás, sem contar com outros minérios, podiam durar 400 anos, com extração contínua aos níveis de então.

No entanto, com a extração mantida aos níveis de 2005, o diretor-presidente da Vale do Rio Doce, Roger Agnelli, estima que as reservas de minério de ferro totais da companhia perdurem por 200 anos.

Fixação de ritmos e escalas de produção

Na fixação de ritmos e escalas para a lavra, ademais, é dever do Poder Público impedir que a produção de minério bruto seja superior, em porcentagem, à participação do país no quadro de reservas mundiais de qualquer substância.

O Brasil, por exemplo, detém 7,1% das reservas mundiais de minério de ferro, mas vem lavrando 18,8 % da produção mundial, isto é, cerca de 317,8 milhões de toneladas, o que caracteriza uma lavra ambiciosa, tendente ao esgotamento das reservas nacionais antes da exaustão de outras fontes sobre as quais os Estados exercem controle. Tal situação foi causada, com certeza, pelo incontrolável "furor exportatório" dos brasileiros, eis que, do total produzido, foram exportadas 242,5 milhões de toneladas de minério bruto.

De acordo com o DNPM, os recursos geológicos mundiais de minério de ferro, em 2007, eram da ordem de 340 bilhões de toneladas e estão localizados respectivamente

20% na Ucrânia, 16,5% na Rússia, 13,5% na China, 13,2% na Austrália e 9,8% no Brasil. As reservas brasileiras prováveis e aprovadas, de minério de ferro foram estimadas pelo DNPM, em 2007, na ordem de 26 bilhões de toneladas, o que colocou o Brasil em 5º lugar em relação às reservas mundiais.

As reservas brasileiras se sobressaem, igualmente, em razão do elevado teor metálico nelas encontrado, o qual, frequentemente supera 50%. As duas principais províncias auríferas brasileiras são Carajás, no Estado do Pará, e o Quadrilátero Ferrífero, no estado de Minas Gerais, as quais respondem por aproximadamente 98% da produção nacional de minério de ferro.

A empresa privada "VALE" conta com cinco projetos para aproveitamento do cobre contido em cinco depósitos identificados como "Sossego", "Corpo 118", "Alemão", "Cristalino" e "Salobo", heranças do trabalho da estatal "CVRD". Em quatro dos cinco projetos (o "Corpo 118" não está incluído) há previsões de produção adicional de ouro, totalizando 18,7 toneladas-ano. O projeto "Salobo", prevê a produção de ouro, cujo volume já consta do total já mencionado, e mais um montante apreciável de prata e molibdênio. No entanto, a "VALE" já está exportando concentrado de cobre (em 2006, 117.514 toneladas), sem aproveitamento dos demais minerais contidos no minério bruto. (É o que se afirma).

Pergunta-se: quem estará sendo burlado com tal precipitação?

Não terá sido um grande erro a privatização da empresa estatal de mineração, considerada como o "Portal do rico subsolo amazônico"?

Ainda há tempo para corrigir o tremendo erro!

ParaÁlvaro Queiroz (02/12/2001), é oportuno salientar o cuidado e a preocupação do Governo Figueiredo em manter nas mãos dos brasileiros as empresas devolvidas à iniciativa privada, através de um decreto que proibia repassá-las ao capital estrangeiro. Logo depois de ter assumido a Presidência da República, José Sarney revogou o decreto de Figueiredo, deixando livre o campo para a internacionalização de nossas estatais e entrega de nossas riquezas.

Antes da Privatização

As ações da empresa, antes da privatização, estavam divididas da seguinte forma: 51% do Tesouro Nacional; 20% dos Fundos de Pensão Brasileiros; 11% dos Fundos estrangeiros; 10% de domínio público; 3% em American Depositary Receipt (ADRs); 3% Fundo de Participação Social (Fundo Nacional de Desenvolvimento) e 2% INSS/BNDESpar (BNDES participações).

ONDA DE PRIVATIZAÇÕES

Segundo os Movimentos Sociais e especialistas, no governo FHC, quase todas as grandes empresas estatais que eram muito lucrativas foram entregues ao capital privado, nacional e internacional. Empresas como A Embratel, Light, Companhia Siderúrgica Nacional, Banespa, Eletrobrás, Telebrás, Telesp, entre outras, foram entregues aos capitalistas. Ou seja, entre 1991 e 1998 foram vendidas 63 empresas estataisno valor de US$ 57 bilhões de dólares.

Para o governo da época, a venda das estatais serviria para atrair dólares, reduzindo a dívida pública do país. Aconteceu exatamente o contrário. A dívida pública só cresceu, segundo pesquisadores e cientistas políticos. E o Congresso, assim como a Sociedade Brasileira, até hoje encontram-se desinformados quanto a origem e canalização de tanto recurso.

Segundo LAMOSO (2001), quanto à aplicação dos recursos dos recursos obtidos com a privatização, há dificuldade com a apuração dos dados fiéis nas fontes oficiais, mas podemos contar com o pronunciamento do Ministro do Planejamento, na época, Antonio Kandir, que afirmou: "metade da receita servirá para construir um Fundo de Reestruturação Econômica, no BNDES, para financiar projetos de longo prazo do setor privados, voltados fundamentalmente para infraestrutura e reestruturação de setores".

Teoricamente o BNDES tem utilizado os recursos para fornecer créditos aos grupos privados nos investimentos com: recuperação da malha ferroviária, implantação de novas usinas pelotizadas, projetos de exploração de cobre etc.

Continua o Ministro:

> Já outra metade da receita apurada com a venda da Vale será utilizada para resgatar títulos da dívida imobiliária da União junto ao mercado. (...) a cada um bilhão de reais de dívida abatida gera-se uma economia permanente de juros da ordem de R$ 130 milhões.

Veja reportagem da Revista ISTOÉ, em 1997,Momento que precedia a privatização:

30 de abril de 1997

Para onde vai o ouro da Vale

A polêmica e a Justiça tomam conta do processo de venda da estatal, disputada por dois consórcios Foto: Mirian Ficther

Por Carlos José Marques eLiana Melo

Extração de minério de ferro em Carajás: maiores reservas do planeta e exportações de US$ 1,5 bilhão por ano (no momento da privatização).

Em meio a um combate jurídico sem precedentes, entra na reta final aquela que será a maior venda da história empresarial do País. Os brasileiros podem assistir nesta terça-feira 29 - se não houver nenhum contratempo - a mais polêmica, valiosa e esperada privatização até aqui realizada. A Companhia Vale do Rio Doce, símbolo de um sonho de Brasil grande, está prestes a passar à iniciativa privada - caso as autoridades consigam superar a enxurrada de liminares que se abateu sobre o processo. A transferência de donos se dá em clima de grandes disputas e paixões arrebatadas. De saída, o leilão está suspenso por recurso concedido na 6ª Vara Federal de São Paulo, na tarde da sexta-feira 25, a pedido de oito renomados juristas da capital. Eles alegam que o edital viola várias leis federais. Os advogados do governo esperam suspender a medida ainda nesta segunda-feira 28. O presidente Fernando Henrique, logo depois de saber da suspensão, foi o primeiro a assegurar que não haverá adiamentos. "Vamos cumprir o cronograma", afirmou.

É a joia da coroa - ou se poderia dizer o ouro da coroa - com alto grau de eficiência e números de encher os olhos. Fatura quase US$ 7 bilhões, emprega cerca de 15,5 mil funcionários, está presente em mais de 100 municípios do Oiapoque ao Chuí. Imbatível em exportações, imensurável nas suas riquezas e por muitos incompreendida na sua atuação, a Vale traçou uma história de conquistas singulares que a projetou como maior mineradora brasileira e terceira do mundo. Por isso sua venda vem carregada de um componente emocional acima da média. Em várias cidades estão ocorrendo passeatas, protestos e brigas jurídicas de tirar o fôlego. Até o final da semana passada já eram 75 processos solicitando liminares para bloquear o negócio. Há previsão de que cheguem a 80 às vésperas do leilão que irá vender 45% das ações ordinárias (com direito a voto), pelo preço mínimo de R$ 3 bilhões.

O ambiente deve esquentar ainda mais pela proximidade com o Dia do Trabalho, 1º de maio, tradicionalmente usado para manifestações. Esse fator não tinha sido considerado quando se marcou a data e agora muitos dentro do governo avaliam como uma imprudência a coincidência de eventos. "Estamos num barril de pólvora pronto para explodir", comentou um alto funcionário do BNDES, o banco responsável pela coordenação da venda. Para inibir reações radicais, foi montado o maior aparato policial da história das privatizações. Serão 600 policiais militares, de dois batalhões, com armas e tanques em frente ao prédio da Bolsa de Valores do Rio de Janeiro - onde a partir das dez horas da manhã devem ocorrer os primeiros lances. Várias tropas de choque também entraram em prontidão nos Estados em que a Vale atua. O esquema de guerra é completado por uma banca de 120 advogados contratados pelo BNDES para responder a questionamentos legais em qualquer parte do País. Eles estarão de plantão dia e noite nestas horas que antecedem o grande momento. À disposição da banca foram colocados quatro aviões e dez helicópteros. A mobilização se justifica. Qualquer pessoa em pleno gozo de seus direitos políticos pode ir a um juiz de sua comarca e dar entrada a uma ação pedindo explicações que atrasariam o leilão.

Nesse momento, o que os brasileiros precisam saber é se a venda será justa ou não. Na essência, afora os arroubos nacionalistas, o pomo da discórdia parece residir no preço fixado para a holding, coligadas e controladas - uma constelação de 43 empresas que vão da exploração mineral ao transporte ferroviário -, avaliadas em R$ 10,3 bilhões. Registre-se que no dia 5 de março, quando o governo comunicou o preço final a que chegaram os consultores contratados, a cotação média das transações efetuadas com ações ordinárias da Vale na Bolsa de Valores de São Paulo equivalia a R$ 32,18 por ação. O edital estabeleceu em R$ 26,67 o preço mínimo de venda dessas ações, uma diferença de 20,7% para menos. Imediatamente o mercado se readaptou e o pregão do dia seguinte já exibia a nova cotação. Antoninho Marmo Trevisan, que já foi secretário especial das Estatais no governo Sarney e coordenou várias operações de privatização, como a da Light, diz que adquirir papéis da Vale antes do leilão se converteu no melhor negócio do momento. "O lucro está garantido", avisa. Ele relembra que em novembro de 1994 – portanto,**antes da descoberta de novas jazidas potenciais -, o valor da**

estatal nas bolsas, segundo a reportagem, girava em torno de R$ 14,4 bilhões e a queda de mais de 40% até os atuais R$ 10,3 bilhões não encontra explicações nos resultados da empresa. Decerto, uma olhada no balanço da Vale é suficiente para verificar que apenas no primeiro trimestre deste ano(1997) ela obteve lucro líquido de R$ 81 milhões, o maior dos últimos quatro anos.

Privatização da Vale

A Vale foi privatizada em maio de 1997 - durante o governo de Fernando Henrique Cardoso - com financiamento subsidiado, disponibilizado aos compradores pelo BNDES. Para disputar a CVRD em leilão compareceram dois consórcios. **O consórcio VALECON** formado pelos seguintes grupos: Votorantim (atua no segmento de cimento, metarlugia, energia, papel e celulose); Mitsubishi (químico, financeiro e eletrônico); Anglo American (grupo estabelecido na África do Sul que possui atividades em mineração, agricultura, papel e celulose: é a maior empresa de mineração do mundo, mas não lavra minério de ferro); Nisho Iwai (grupo japonês que atua nos setores mineral, têxtil, energético e cimento); Nippon Steel (grupo japonês com atuação nos setores eletrônicos, químico, mineração e exportação); Marubeni (grupo japonês que trabalha nos setores químicos, de construção civil e energia); Caemi/Mitsui (mineração e trading), ALCOA e os fundos de pensão PREVI, PETROS, FUNCEP e FUNCEL.

O Consórcio Brasil foi composto pela CSN (siderurgia, transportes, energia e cimento) Um dos acionistas da CSN é o grupo têxtil Vicunha, cujo diretor tornou-se o primeiro presidente da CVRD após a privatização, o Sr. Benjamin Steinbruch; Nations Banks (financeiro norte-americano);

Oportunity (financeiro brasileiro); Suzano (papel e celulose, no Brasil); Gencon (sul-africano, atua em mineração), além de um grupo de oito empresas japonesas e os fundos de pensão Sistel e Centrus.

A empresa foi adquirida pelo Consórcio Brasil liderado pela Companhia Siderúrgica Nacional no valor de R$ 3,338bilhões – o que no momento correspondia a 41,73% das ações ordinárias. Os críticos do processo de venda da companhia apontam que o Bradesco é quem cuida da parte administrativa. O banco montou o edital de venda da companhia e, mais tarde, tornou-se um dos seus controladores. Por sinal, o atual presidente da Vale do Rio Doce, Roger Agnelli, segundo Jornal Brasil de Fato (in 2007 e Folha Online, 2008), dirigiu o Bradesco por 20 anos. E, de março de 2000 a julho de 2001, foi Diretor-presidente da Bradespar. Chegou à presidência da Vale em julho de 2001.

Todo processo de privatização foi permeado por dezenas de ações judiciais que tiveram por objetivos impedir a realização do leilão. Além do fato de que 70% da opinião pública era contra, mas a repressão venceu: FOI PRIVATIZADA/ENTREGUE.

Uma das principais ações (elaboradas com o apoio de partidos políticos e de setores da sociedade civil organizada, entidades de classe e sindicatos) foi apresentada em 23 de abril de 1997, da qual destaca os argumentos contrários à privatização da empresa:

> ... que os recursos obtidos com a privatização seriam inexpressivos para fins de diminuição da dívida externa, pois o apurado com a venda corresponderia ao lucro que seria obtido em, pouco menos que cinco anos (projetando-se o lucro líquido obtido em

1996).   - fissura na
segurança nacional e ingresso de interesses internacionais em "delicados" segmentos econômicos;

- questionava a cláusula que autorizava o Congresso Nacional de Desestatização a rever o preço mínimo diante de fatos que justificassem tal decisão, pois a ação entendia ser essa uma possibilidade de "conluio e fraude de toda ordem"

- questionava a criação da ação "golden share" por ser um mecanismo estranho ao mercado de capitais e por não ser previsto na Lei de Sociedades Anônimas;

- colocava-se contrária à transferência, a terceiros, da exploração de recursos minerários, cujo resultado seria a alienação de direitos relativos a bens indeterminados;

Além das ações judiciais, várias iniciativas foram empreendidas por partidos da oposição, dentre as quais destacamos três:

- proposta de conferir ao Congresso Nacional poderes para retirar qualquer empresa estatal do Programa Nacional de Desestatização;*

- proposta que obrigava o governo a submeter, previamente, ao Senado o edital de licitação da Companhia Vale do Rio Doce, conferindo ao Senado poder de vetar a privatização;*

- proposta que confere ao Congresso poderes para ditar as regras da aplicação dos recursos obtidos com a privatização, determinando que 50% do dinheiro devesse ser empregado nos Estados onde a CVRD atua.

Mesmo após a privatização, a União mantinha 34,3% da CVRD, mas o objetivo era alienar o controle de qualquer jeito. Em 2001, porordem de FHC, o Tesouro torrou na Bolsa de Nova York - 31,17% de suas ações ordinárias com direito a voto e a eleger dois membros do conselho de administração.

(Fonte: A Nova Democracia. Htttp://WWW.anovademocracia.com e http://alertatotal.blogspot.com)

A deputada Socorro Gomes critica a inclusão da Vale no PND (Programa Nacional de Desestatização –implementado pelo governo federal através da Lei nº 9.491, de setembro de 1997), a partir da argumentação (de FHC) de que a empresa era ineficiente e deficitária para o Estado. "Desde 1990, a empresa não recebia aporte de recursos públicos e, mesmo assim, ela conseguiu se sustentar obtendo lucro até 1996", lembra a deputada. Segundo artigo escrito pelo pesquisador César Benjamim na revista "Atenção" em 1997, até a sua privatização, a CVRD recebeu US$ 1,24 bilhão do governo e repassou aos cofres públicos US$ 1,41 bilhão. Em informe na época da venda, a direção da companhia divulgou que "o lucro não distribuído em dividendos ficou retido na empresa para expansão de suas atividades e investimentos, o que gerou aumento de receita do grupo de US$ 198 milhões ao ano no início da década de 1970 para US$ 5,5 bilhões ao ano, representando crescimento médio anual de 13,6%".

"A Vale era um complexo industrial com 54 empresas, maior produtora e exportadora de ferro do mundo, com concessão de duas das maiores ferrovias do planeta.Este patrimônio não foi avaliado", diz a deputada Dra. Clair (PT-

PR). O dinheiro pago só dava para comprar os navios que a Vale possuía", completa a deputada Socorro Gomes.

Não foi privatizada uma empresa qualquer, mas sim aquelas que garantiram o desenvolvimento das economias nacionais até um passado bem recente, empresas que, salvo exceções, cuidavam da população, organização e prestação de serviços essenciais para o bem-estar da população, e a modernização da sociedade. Hoje, tudo isso está cada vez mais sob controle do mercado, com um sensível encolhimento das chances de regulação pública.

Apartir da privatização, a Vale cresceu em ritmo alucinante. Investiu em mineração e logística, incorporou empresas de menor porte e outras de tamanho vantajoso, inclusive no exterior e se prepara para comprar outras. Outras pesquisas revelaram que, nos três anos após a venda da Companhia, seus novos controladores conseguiram recuperar o dinheiro investido na aquisição (R$ 3,3 bilhões) e onde tiveram uma sobra de R$ 1,1 bilhão. Entre 1998 e 2000, os lucros da Vale totalizaram R$ 4.413 bilhões. Entre 1998 e o primeiro semestre de 2006, os lucros da Vale somaram R$ 32,019 bilhões. No entanto,em ritmo crescente subiram seus lucros (como previam os "articuladores") da privatização, ou seja,**apenas no segundo trimestre** de 2010 (Segundo Folha do Sudeste, 15/08/2010), o lucro líquido da empresa foi de R$ 6,635 bilhões. Seu valor de mercado(obtido pela multiplicação do número de ações pela cotação em Bolsa) chegou a R$ 303,5 bilhões em 1/10/2007, superando, por alguns dias, a Petrobras, que naquela data valia R$ 290,4 bilhões.

Essa privatização foi muito controversa, principalmente porque se tratava de uma empresa lucrativa e eficiente, e que detinha grande infraestrutura, reunindo navios, portos e ferrovias, o que tem gerado acirrados debates entre seus defensores e seus críticos. "O que a União fez ao vender a Vale foi abrir mão de traçar diretrizes estratégicas em consonância com um projeto de país", critica Paulo Passarinho, Coordenador geral do Sindicato dos Economistas do Estado do Rio de Janeiro (Sindecon). Sendo um bom negócio para os ricos e uma contribuição a mais para o aumento da concentração de renda. O desenvolvimento mundial depende dessa riqueza. Impedir que possa ser controlada por nosso povo impossibilita qualquer projeto de futuro para o Brasil.

O preço total que o Tesouro Nacional do Brasil recebeu pela venda do controle acionário da empresa, equivaleequivalia em 2010menos que olucro trimestral da companhia, (que no terceiro trimestre do mesmo ano foi de R$ 10,5 bilhões). Isto significa que o lucro de um mês da empresa daria de comprá-la.Veja os cálculos: (R$ 10,5 dividido por R$ 3,338).

Na Revista Veja (17/10/2009), informa-se que o faturamento da Vale de 2009 foi de US$ 38 bilhões. Já o lucro líquido de 2008 foi de R$ 21,279 bilhões.
Parase ter uma noção comparativa, o orçamento do Estado do Maranhão no mesmo ano de 2008 foi 6,1 R$ bilhões – isto significa dizer que o lucro da empresa naquele momento daria para mantê-lo por mais de 3 anos com seus 217 municípios. Ou o orçamento de 3 estados brasileiros por um ano.

O orçamento da educação no Brasil em 2009 com seus 47,2 milhões de alunos foi de R$ 41,5 bilhões. Isto significa que o lucro anual da Vale em 2008 daria de manter acima de 23,5 milhões de estudantes nas escolas públicas do país.

Nos anos que se seguiram à privatização (1997-2000), o lucro líquido da empresa somou 3,3 bilhões de dólares, valor superior ao que foi pago no leilão de privatização, em 1997.

Segundo a Revista Veja (17/10/2010) até 1997 quando foi priv   s.

*Proposta do Senador José Eduardo Dutra – PT/SE
* Proposta da Senadora Regina Assumpção – PDT/MG

Analisando o modo como foi feita a alienação da empresa dentro de um processo histórico, veja o que diz Ivo Lesbaunpin (em entrevista IHU On-line em 09//2007):

> "Há cinco séculos, portugueses e espanhóis invadiram e dominaram inúmeros países para retirar deles seus minérios, entre os quais o Brasil; o Estado brasileiro constrói, ao longo de cinco décadas, uma empresa respeitada internacionalmente, para explorar os minérios em benefícios de seu povo; e, de repente, um governo se julga no direito de alienar este patrimônio como se nada representasse?

Para Ivo Lesbaunpin, com a privatização da Vale, nós perdemos a soberania sobre nossos próprios recursos naturais, deixando de fazê-lo valer a nosso serviço, entregamos a outros e deixamos, portanto, de tirar o lucro que esta atividade e esta empresa fornecia. Agora, outros tiram o lucro e se apropriam dela, em lugar do seu proprietário original, que foi expropriado" de forma usurpada.

O economista Adriano Benayon (apud Jorge Serrão, 13/05/2008), autor do imperdível livro "Globalização versus Desenvolvimento", defende a anulação da venda da Vale. Benayon (em seu artigo Porque anular a **Privatização da**

Vale) assinala que o patrimônio arrebatado ao País vele 3 trilhões de reais (milvezes a quantia do leilão) ou grandes múltiplos   disso, considerando as reservas de metais preciosos e estratégicos, muitos deles exploráveis por mais de 400 anos, pois é impossível projetar o preço dessa riqueza sequer para um mês. O mesmo destaca que é tarefa intrincada identificar a origem do capital controlador da Vale, pois   "A empresa que aportou capital nessa privatização foi a CSN Corp., no Panamá, montada com capital do Nations Bank.   A CSN Corp entrou na históia como laranja do Nations Bank", conforme afirma Magno Mello em "A face Oculta da Reforma da Previdência" (Brasília 2003). Segundo ele, outra parcela do grupo privado foi formada pelo fundo de pensão Oportunity, sediado nas ilhas Cayman, que faliu. Outra foi construída pelo fundo Sweet River (4% de capital do Nations Bank). Outros 40% vieram do mega-investidor Georges Soros.

Bradesco estava impedido, pela lei de licitações, de participar do consórcio por ser um dos avaliadores, mas financiou R$ 500 milhões para a CSN,além de possuir 17,9% do capital dessa ex-estatal. Além de ter obtido informações privilegiadas, o BRADESCO, às vésperas do leilão, financiou debêntures de empresas que controlavam a Elétron (VALEtron e a Valepar, ligadas ao Oportunity e ao Sweet River.

Em 2003 houve descruzamento das ações da CSN e do Bradesco, mas permaneceu a ilegal presença deste na VALEPAR. Ele foi financiado pelo BNDES em R$ 859 milhões, com que criou a BRADESPAR e comprou parte das ações do Sweet River da mineradora angloaustraliana BHP Billinton, sócia da CVRD na VALESUL (alumínio). A PREVI adquiriu a outra parte por US$ 297 milhões.

Segundo o(Estadao.com.br, 23/02/05), o lucro anual do Bradesco em 2005 foi de R$ 3,1 bilhões.Já em 27/10/2010, segundo Folha.com, apenas no **3º trimestre** (2010), o mesmo banco obteve um lucro de R$ 2,527 bilhões. Numa projeção de R$ 7,12 bilhões anual – superando todos os demais bancos do país.

Segundo a Revista Veja (17/10/2009), a Previ, dos funcionários do Banco do Brasil, a Funcef (Caixa Econômica Federal) e a Petro, dos funcionários da Petrobras, detém 49% do controle da Vale. O Bradesco detém 21%.

VENDAS: LUCRO LÍQUIDO DA VALE

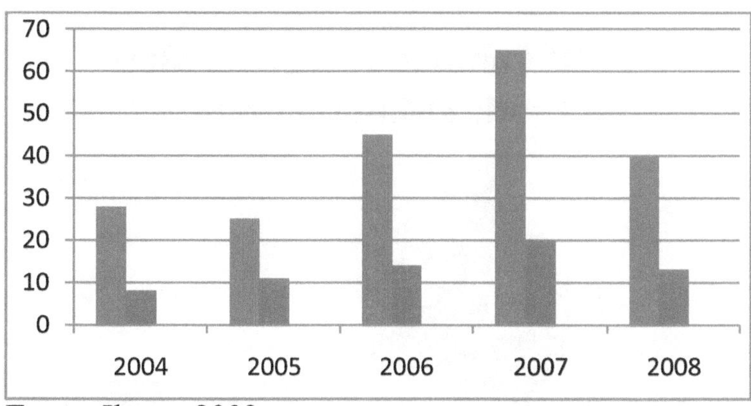

Fonte: Ilease, 2009

Em 2003, a vale faturou R$ 4,509 bilhões;

Em 2004 obteve um lucro líquido de 6.460 bilhões;

Em 2005, teve um lucro líquido de 10, 443 bilhões;

Em 2006 foi de R$ 13,431 bilhões;

Em 2007 faturou um lucro líquido de 20,006 bilhões;

Em 2008 teve um lucro líquido de 21, 279 bilhões.

Em 2009 teve um faturamento bruto de 72,766 R$ bilhões.

Já no, no 3º trimestre de 2010, o lucro líquido da empresa atingiu R$ 10,5 bilhões. E, de janeiro a setembro de 2010 somou cerca de R$ 20 bilhões.

(http://www.bolsavalores.net/2010/10/28/lucro-liquido-davale-terceiro-trimestre-2010).

Quem Produz mais Minério no Brasil

Fonte: Revista Época, 17/11/2008

Fonte: Revista Época, 17/11/2008

Quem Fica Com o Lucro da Vale?

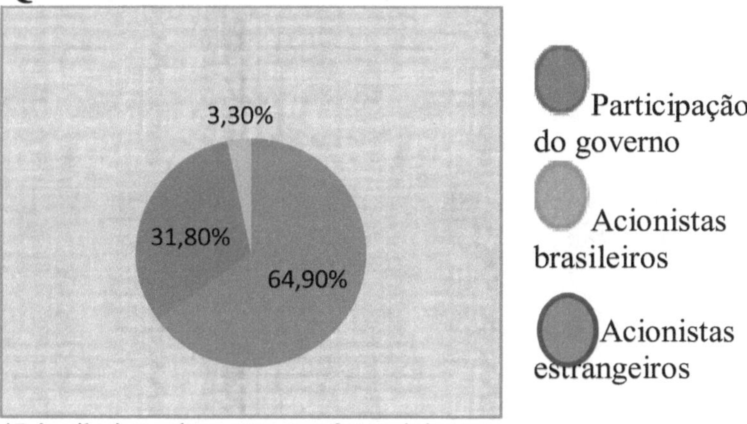

*Distribuição das ações preferenciais.
Fonte: Jornal Brasil de Fato (in 2007 e Folha Online, 2008)

Já o ILAESE (2009), através do documentário "Trabalhadores da Vale em Defesa do Emprego" revela a composição dos donos da Vale no gráfico abaixo:

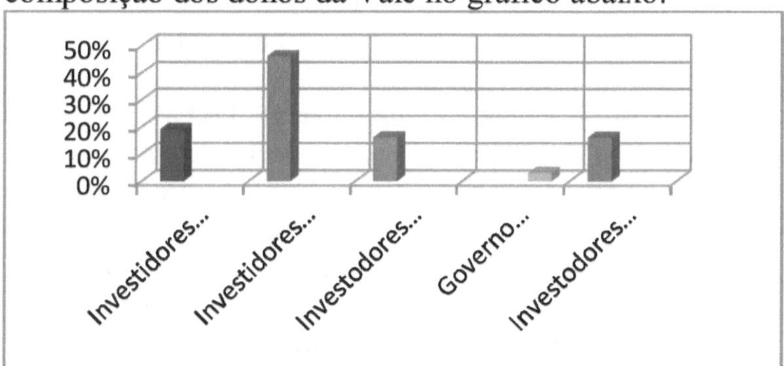

- Investidores Estrangeiros em ADRs: 46%
- Investidores Estrangeiros: 16%
- Investidores no Brasil: 19%
- Investidores Institucionais: 16%
- Governo Brasileiro: 3%

CONTROLE ESTRANGEIRO

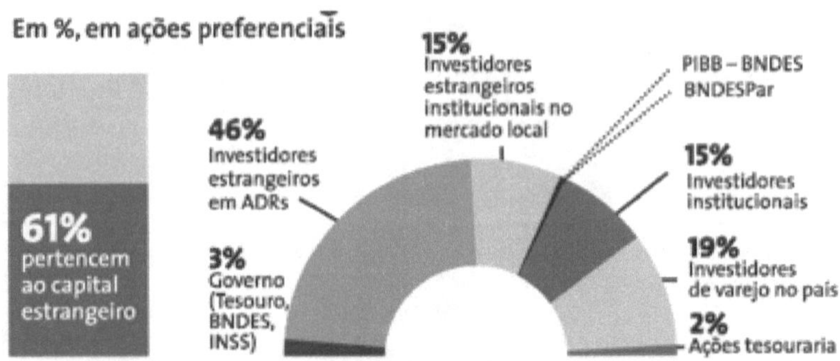

Fonte: Balanços da Vale 2004-2009 e Relatório anual 2007 – entregue a Bolsade Nova York

Já na reportagem da Revista Época (06/2011), o governo interfere na gestão da mineradora por meio do Banco Nacional de Desenvolvimento Econômico e Social e da Previ, o fundo de pensão dos funcionários do Banco do Brasil, que, juntos, detém 60,5% do bloco de controle da Vale. Quem está certo? Quem está errado?

Segundo Ilease no documentário "Trabalhadores da Vale em defesa do emprego", os verdadeiros donos da Vale são os bancos internacionais, que determinam o que produz a Empresa. Esses grandes bancos formam fundos especulativos para ganhar dinheiro no mundo todo. Para o documentário, todo sofrimento que passam os funcionários (arrocho salarial/ demissões em períodos de crises, etc.) – tudo para satisfazer um punhado de banqueiros estrangeiros gananciosos. A privatização de uma empresa lucrativa como a Vale revela que, os interesses privados estão acima dos sociais e humanos. Para conhecer os verdadeiros donos da Vale, basta ler a Ata da Assembleia de Acionistas do dia 16 de abril de 2009, onde aparecem os nomes dos principais acionistas estrangeiros: Citibank, HSBC, J.P. Morgan Chase, Barclays, Fidelity Management, Vanguard Emerging

Markets, Morgan Stanley, Templeton, entre muitos outros fundos, principalmente americanos.

O documentário revelava também que, em meio a maior crise em (2009), os donos mundial da Vale resolveram pagar a eles mesmos 5 bilhões de reais. A mesma quantia que em 2008. E, aos seus 6 executivos, foram 70 milhões de reais. Isso dá uma remuneração mensal de 13 milhões de reais anual. Um trabalhador da Vale teria que trabalhar 800 anos – ao ganho anual de um de seus executivos.

O que o povo perdeu (em 2007)

Quando a empresa era estatal, pertencia ao povo brasileiro. Hoje, após a privatização, pertence a mais de 500 mil acionistas (aí incluídos milhares de pequenos investidores, sem contar os trabalhadores, que usaram recursos do FGTS, para comprar ações da empresa). E um pequeno número de grandes acionistas que se "escondem" por trás de empresas jurídicas detentoras de grandes ações.

Se a privatização não tivesse sido feita, veja o que o governo poderia fazer com os R$ 10,091 bilhões a que teria direito sobre o lucro da Companhia Vale do Rio Doce no ano de 2007, – que é praticamente o mesmo do lucro do terceiro trimestre de 2010 (R$ 10,5 bilhões):

167 hospitais
Similares ao de Cidade Tiradentes, em São Paulo, com 27 mil metros quadrados e capacidade para atender 25 mil pessoas por mês
202 mil casas populares
Moradia de baixo custo orçada em R$ 50 mil
1.627.580 assentamentos rurais
De acordo com o Plano Nacional de Reforma Agrária

68 universidades

Orçamento da Universidade Federal do ABC (região metropolitana de São Paulo), que atenderá a 17 mil alunos e empregará 272 professores.

Comparando o que perdeu com os dividendos de 2008, analise os dados abaixo:
Segundo a Carta dos Direitos Humanos do Alto Turi, no documento: **Governo Participativo, 2008 –MA** (pág. 128), oorçamento de 1.032 unidades habitacionais foi orçada em 8.119.820,00 (oito milhões...).   O preço de unidade tem custo de R$ 7.870,00. Considerando o lucro da Vale em 2008, com a alta dos minérios, que lhe rendeu R$ R$ 69,9 bilhões, esse lucro daria para construir 8.881.829 casas populares. (oito milhões...).

Para estudiosos do assunto, privatizar a Vale é...

- O primeiro passo para a internacionalização da Amazônia; Afinal, todos estão de olho e "lobby" político é que não falta em Brasília -onde reside nossa maior derrota.
- É doar Carajás, o Porto do Itaqui, Tubarão, a Bahia de São Marcos, entregar todas as riquezas estratégicas do Estado do Maranhão, Pará e do país, tirando a possibilidade de um projeto nacional de industrialização e exportação (no qual reside o milagroso crescimento chinês).
- É entregá-la as multinacionais, é abrir ou escancarar as portas do Brasil.
- É um crime de lesa-pátria.

Apenas 2,13 bilhões desse valor, ou cerca de 20% de seu lucro trimestral, observa-se em (www.novaescola.org.br, em abril de 2011 – ao cruzar in formações), daria para comprar (entre as opções):

Imagine o montante...

Uma potência mineral e estratégica

A Companhia Vale do Rio Doce (CVRD) é a maior produtora de minério de ferro do mundo e a segunda mineradora global em variedade de minérios, fazendo do Brasil um dos países de maior extração de minerais para a exportação.

Fonte: Brasil de Fato, 09/2007.

Em 2005 a produção de minério de ferro da Vale atingiu um novo recorde de 240,4 milhões de toneladas, 10,3% acima do volume produzido em 2004. Entre 2001 e 2005, a produção da companhia cresceu à taxa média anual de 15%.

A empresa deu um salto nas suas vendas a partir de 2003, quando se colocou no desempenho fantástico da China como "fábrica do mundo". A Vale soube aproveitar a nova divisão internacional do trabalho, surgida com a restruturação capitalista na URSS, na China e no Leste Europeu.

Em outubro de 2006, a Vale comprou a canadense Inco por U$S 17,7 bilhões de dólares canadenses (+ ou – R$ 38 bilhões em pagamento à vista (cash). A Inco, deste modo, passou a ser uma subsidiária integral da Companhia Vale do Rio Doce S.A., sob a nova denominação "CVRD Inco Limited (CVRD Inco)", tornando-se a segunda maior empresa de mineração do mundo, atrás da anglo-australiana BHP Billiton e uma das maiores produtoras de níquel do mundo. Segundo Roger Agnelli, essa aquisição ajudou a dobrar o valor da Vale no mercado.A empresa brasileira comprou 75,66% das ações ordinárias da Inco. A INCO é uma centenária (104 anos) empresa canadense que detinha as maiores reservas mundiais de níquel, que respondia por 19% da produção mundial de níquel, que é a principal matéria prima para a produção do aço inoxidável. O níquel é um minério usado na fabricação de computadores (placas-mães, por exemplo), CD´s, DVD´s, aeronaves, aço, etc. Com a alta dos minérios no início de 2008, o valor/tonelada do níquel é de US$ 48,7 mil dólares. A sede da nova empresa (CVRD/Inco) é em Toronto (Canadá), e é dirigida por executivos canadenses que irão gerir e controlar os negócios de níquel da Vale.

A Vale é a segunda maior empresa do Brasil em volume de exportações, com quantidade inferior apenas à da Petrobras.

Esse enorme ganho de lucratividade se deveu, sobretudo, ao grande aumento havido no preço do minério de ferro - que subiu 123,5% entre 2005 e 2006 (o que não era previsível em 1997) - graças ao aumento da procura mundial, sobretudo pela China - o que permitiu à Vale, a maior detentora de reservas de minério de ferro do mundo, fazer pesados investimentos e implementar controles de gestão, tornando-se ainda mais competitiva para atender, assim, às novas necessidades chinesas e, consequentemente, manter sua posição de maior exportadora de minério de ferro do mundo. Em janeiro de 2007, o consumo do minério de ferro cresceu 13,5% em relação ao ano de 2006. A expansão foi de 27,3% na China, 9,1 % na Índia e 9,8% na Europa. Diante dessa perspectiva de crescimento, a Companhia Vale do Rio Doce vai investir U$S 59 bilhões nos próximos cinco anos, dos quais u$s 11 bilhões em 2008. O montante até 2012 corresponde a 3,3 vezes o empregado entre 2003 e 2007 –US$ 18 bilhões.

Verifica-se também que a privatização levou a Vale efetuar investimentos numa escala nunca antes atingida pela empresa, graças à eliminação da necessidade de partilhar recursos com o Orçamento da União. Este ganho refletiu-se em elevação da competitividade da empresa no cenário internacional. A mesma tem um grande objetivo: crescer e dar lucro a seus acionistas. A Copanhia, segundo informações, desenvolve programas de proteção ao meio ambiente com custo de US$ 50 milhões ao ano. Entre 2008 e 2012, a Vale investirá US$ 1,4 bilhões em projrtos sociais nas regiões em que está presente.

Controvérsia

Muitos defendem as privatizações, por entenderem que não cabe ao Estado exercer atividades econômicas. Dentre os maiores defensores da privatização está Roberto Campos. Os favoráveis às privatizações citam freqüentes casos de corrupção, de empreguismo e de ineficiência ocorridos em algumas empresas estatais.

Em 1990, logo após a queda do muro de Berlim e ou final da guerra fria, o FMI criou um conjunto de normas, conhecido como o Consenso de Washington, que defendia a privatização de todas as empresas estatais, indiscriminadamente, como uma maneira de acelerar o desenvolvimento econômico. Estas ações faziam parte da política neoliberal. Nem todos os economistas concordam com a validade dessa teoria. Segundo Felipe Chiavegatto, in **O assalto das privatizações**, o FMI exigiu as privatizações para continuar fornecendo crédito ao Brasil, nada de anormal para essa instituição que prega a miséria humana como garantia de pagamento. Talvez isso explique uma parte das vergonhosas privatizações no Brasil. No entanto, o que se observa é que as "privatizações" contribuíram para aumentar a concentração de renda em prol de uma minoria e em prejuízo a uma maioria (Nação Brasileira) no caso do Brasil.

Segundo Vanessa Portugal, a Companhia Vale do Rio Doce (CVRD) vem batendo recordes de lucro e produtividade nos últimos anos. A cada dia aparecem novas evidências de que a privatização da empresa foi feita irregularmente, com sub-avaliação de seu valor e de suas reservas de minérios, o que vem fortalecendo a campanha organizada, movimentos sociais e partidos políticos pela imediata reestatização da empresa.

O lucro da Vale em 2008, R$ 21,279 bilhões. Enquanto isto, a pobreza no Brasil cresce. Este lucro daria para manter o orçamento do estado do Maranhão com seus 217 municípios, cujo orçamento (2007) foi de 6,1 bilhões durante 3,4 anos (três anos e quatro meses).

Essa enorme riqueza que vai para fora do Brasil é fabulosa, o que fica demonstrado nos lucros da Vale citado acima. Segundo o INEP, a erradicação do analfabetismo no Brasil   exigiria 200 mil educadores.   Esses alfabetizadores ganham apenas (R$ 420,00) como salário. O gasto de pessoal dos 200 mil educadores por ano (considerando 12 meses) corresponderia a R$ 1,008 bilhão. Considerando o lucro da Vale em 2007, isto daria para erradicar 21,1 vezes o analfabetismo do Brasil.

Maior mineradora mundial de minério de ferro, a Vale, é a principal   produtora de ouro e exploradora de bauxita (matéria–prima do alumínio) da América Latina. Seu valor de mercado, em outubro de 2007 é de 167,3 bilhões de dólares- alta de 140% em relação à cifra do final de 2006, de US$ 69, 8 bilhões, - a Vale é hoje a maior empresa do Brasil e a 31ª do mundo, tendo ultrapassado a Petrobras.

Uma empresa estratégica

 Criada em junho de 1942 pelo governo Getúlio Vargas, com o objetivo de expandir a exploração mineral brasileira. Desde então, a empresa tornou-se um símbolo do desenvolvimento nacional, com investimentos também em numerosos programas sociais.
        Detém 11% das reservas mundiais estimadas de bauxita e direitos minerários sobre uma área equivalente a 2,5 vezes o tamanho da Bélgica. Além disso, é a maior empresa de logística do Brasil: opera mais de 9 mil quilômetros de malha ferroviária e dez terminais portuários próprios.

        A Vale sempre teve uma participação importante na economia de Minas Gerais, onde se localiza o chamado "Sistema Sul", a maior e mais antiga fonte de minérios da empresa, composta por quatro complexos mineradores:

Itabira, Mariana, Minas Centrais e Minas do Oeste. Lá são produzidos 120 milhões de toneladas de ferro por ano.

Todo o minério de ferro de classe internacional, produzido em Minas Gerais, Pará, Mato Grosso e Mato Grosso do Sul, em 2007, alcança as 320 milhões de toneladas. Só a Vale, que encabeça a produção paraense no município de Parauapebas, chegou a 92 milhões de toneladas/ano.

Estudos do Instituto Brasileiro de Mineração (IBRAM) prevê crescimento de até 300% na indústria mineral paraense.

Irregularidades na privatização

Para os movimentos sociais, a privatização da Vale foi uma grande armação do governo FHC, que aproveitou a onda neoliberal para entregar a maior parte das empresas estatais brasileiras ao capital estrangeiro: hoje, segundo o jornal Brasil de Fato (2007), 64,8% das ações preferenciais (que têm preferência na distribuição desses lucros) são de investidores estrangeiros, os que direcionam a política da empresa. Se for confirmado o fato, isto torna a privatização inconstitucional, pois uma empresa estrangeira não pode deter informações e direitos sobre os setores estratégicos para o desenvolvimento de nosso país, ou seja, nossas principais reservas minerais.
Dois bancos internacionais foram chamados pelo governo da época para fazer a avaliação da companhia que seria leiloada, sendo um deles a **Merrill Lynch**. Por uma razão que até hoje muitos economistas não conseguem entender, os bancos escolhidos por FHC concordaram em avaliar a Vale apenas pelo critério *de fluxo de caixa existente à*

época, descontado, não levando em conta o *valor potencial* de suas reservas de minério de ferro (que entraram no negócio por valor zero) - e que eram capazes de abastecer o mundo pelos próximos 400 anos. Estes critérios continuam sendo fortemente questionados e há certos setores da sociedade tentando organizar um **plebiscito** para reverter a privatização da Vale, que julgam ter sido feita de forma uma lesiva ao patrimônio do Brasil.

Pesquisas afirmam que, o valor estimado das reservas de Carajás ao preço de US$ 55 a tonelada correspondam a US$ 385 bilhões. (ou seja, 128 vezes o preço de venda da empresa). Vale lembrar que a cifra citada acima é defasada; se considerar o atual preço do minério de ferro que é estimado em US$ 67,32. o valor subiria para uma estimativa de US$ 393,5 bilhões, ou cerca de   R$ 692,56 bilhões de reais (considerando a cotação do dólar em R$ 1,76/em 12/2010).

A corretora norte-americana Merrill Lynch foi a responsável pela avaliação do patrimônio da Vale em R$ 3,338 bilhões, levando em consideração apenas o valor das ações da empresa no mercado. Na avaliação de um ex-diretor, a empresa estaria avaliada em torno de 100 bilhões. Na privatização, foram deixadas de fora das contas as 54 empresas onde a Vale operava diretamente (controladas e coligadas), como Açominas, CSN (Companhia Siderúrgica Nacional), Usiminas e Companhia Siderúrgica de Tubarão; as reservas minerais; duas das três ferrovias mais rentáveis do mundo; o capital tecnológico e intelectual; os portos e o Complexo de Carajás, no Pará. Outro fato é que, o minério localizado na boca da mina (termo técnico "mine gate") valia US$ 20,00 por tonelada. Toda a reserva foi avaliada em US$ O,50 por tonelada, ignorando completamente a parte do minério na boca da mina que valia 40 vezes mais. Quem avaliou a Vale foi Mineral Resources Development Inc. (MRDI) – subcontratada do consórcio liderado pela Merril Lynch e Bradesco. A Merryl Lynch tinha ligações com um dos participantes do leilão, a Anglo Americana, grupo que participou do leilão.

(Fonte: http://www.trfl. Gov/processosTRF/ctrfl.proc.asp?proc=

A Merrill Lynch teria repassado informações estratégicas aos compradores meses antes da venda. Além disso, ela teria infringido a legislação pelo fato do grupo Anglo American ter participado do processo e venda através da empresa Projeta Consultoria Financeira S/C LTDA, caracterizando ilegal vínculo entre a organização autora do projeto e um dos licitantes. O processo teria sido marcado por outras irregularidades, como a participação como consultor do Banco Bradesco, que mais tarde viria a se tornar um dos acionistas da companhia. "Foram internacionalizados, de acordo com o TCU, 26 milhões de hectares. No entanto, o Código Penal Militar proíbe a internacionalização de áreas maiores do que dois mil hectares sem passar pelo congresso, o que não aconteceu", pontua o pesquisador Bautista Vidal.

Além disso, a privatização da Vale foi inconstitucional por vender reservas de urânio, que são de propriedade exclusiva da União, alienar milhões de hectares de terras e permitir a exploração de minérios na faixa de fronteira, o que não poderia ser feito sem a aprovação do Congresso Nacional.

Menos de um ano depois a Merrill Lynch tornava-se uma das acionistas da Vale. Estudos particulares calculam que, apenas em

Carajás, cuja previsão era de 400 anos (hoje caiu para 200), o valor chega em torno de R$ 1 trilhão, valor semelhante a toda dívida pública brasileira.

Já Álvaro Queiroz em **"O fracasso das privatizações"**, (02/12/2001), contestando o ato lesivo contra a Nação Brasileira, afirma que:

> Em 10 anos, cerca de 160 empresas foram vendidas, depois de avaliadas à luz de critérios supostamente técnicos, mas conduzidos com o propósito de aviltar-lhes os preços. Todo o setor siderúrgico, o segmento petroquímico da indústria do petróleo, a Vale do Rio Doce, o complexo das telecomunicações, bancos estaduais, ferrovias, unidades de fertilizantes, empresas de energia elétrica etc. – um patrimônio avaliado em mais de **2 trilhões de dólares**(estatais da união e dos estados) foi transferido pelo valor simbólico total de apenas 100 bilhões de dólares, aí já arroladas as pequenas dívidas externas de algumas das empresas, inferiores aos lucros.

A segunda irregularidade foi à subestimação das reservas de minério sob controle da Vale. Segundo informações da própria CVRD à empresa norte-americana Securites and Exchange Comission, as reservas de ferro de Minas Gerais e da Serra dos Carajás eram de 12,8 bilhões de toneladas em 1995, muito acima dos 3,2 bilhões de toneladas anunciados na época de sua privatização.

Situação dos trabalhadores piorou

Após a privatização, a CVRD iniciou a redução de custos com pessoal e um arrocho salarial. Entre 1997 e 2004, as despesas com pessoal caíram de 16,8% para 5% do faturamento. Nesse período, o reajuste salarial foi de 61,4%, enquanto a inflação ficou em 89,5%. Contrastando com essa situação, os lucros e patrimônio da empresa crescem vertiginosamente. Em janeiro de 2008, o reajuste foi de 65% para a maior parte do minério exportado; de 71% para o minério de Carajás – de qualidade superior.

Segundo **ILAESE (2009)**, no documentário "Trabalhadores da Vale em defesa do emprego", com base em relatórios da Vale, as minas de Carajás produziram e venderam 96 milhões de toneladas com 6.656 trabalhadores diretos. Isto significa que cada funcionário da Vale em Carajás produziu, em 2008, 14 mil toneladas de minério de ferro.

Ao preço médio de 67,32 dólares a toneladas, cada trabalhador gerou 975.938,00 dólares em 2008, ou cerca de 500 dólares por hora. Cada trabalhador de Carajás gerou quase 1 milhão de dólares para a empresa naquele ano. No entanto, o salário de um trabalhador mal chega a R$ 1500. Somando PLR (quatro salários) mais encargos mensais de 900, a Vale gasta com um funcionário cerca de 23 mil dólares por ano.

Isto significa que, em quatro horas de trabalho, o funcionário paga seu salário mensal, uma verdadeira mina para os donos da Vale.

O documentário revela também que, os municípios mineradores tentam aprovar uma lei que aumente a Contribuição Financeira pela Exploração Mineral (CFEM) DE 2% para 6% com o intuito de diminuir a ação destrutiva da mineração sobre a população e o meio ambiente dos seus municípios. Infelizmente, nem senadores, nem deputados, nem o governo Lula se sensibilizaram com o assunto.

Carajás em Estado de greve, 27/10/2009 (In Parauapebas).

Com a crise econômica internacional, a Vale demitiu 2 mil trabalhadores diretos e 13 mil terceirizados. Em 2009, ano da crise, a Vale economizou com demissão de trabalhadores: US$ 816 milhões de dólares. No momento a Empresa dispunha de

caixa o de US$ 13 bilhões, (em setembro de 2009). O suficiente para pagar os seus 120 mil funcionários de todo o mundo por mais de seis anos.

Mineradores da INCO Canadense em greve em julho de 2009. A mais longagreve da história da companhia, que no Canadá possui 6,5 mil funcionários.

A centenária INCO foi adquirida em outubro de 2007, por US$ 18 bilhões.

Campanhas pela reestatização

Na época da privatização, houve grandes mobilizações nas ruas em defesa da Vale. O leilão só prosseguiu devido ao enorme aparato policial que protegia o local. Dezenas de ações populares foram impetradas contra a venda da CVRD, mas todas elas foram arquivadas.

Vanessa Portugal - A Vale do Rio Doce é nossa! Pesquisa em Internet, 06/2007.

Muitos setores da sociedade alegam que a privatização da Vale foi executada de maneira irregular, que a empresa foi vendida sem ter sido corretamente avaliada, que o Brasil abriu mão de sua soberania sobre reservas do estratégico minério de ferro - que durariam séculos - e que o assunto não foi democraticamente discutido com a população - em tese sua *proprietária* - além de considerarem a privatização, em si, desnecessária. Na época da privatização, mais de 70% da população era contra a venda da Vale. As demais privatizações, embaladas nas "ordens" (exigências) ou "esquemas" da política neoliberal fez nossos governos usurparem a vontade popular; assim também foi a venda da CSN (Companhia Siderúrgica Nacional) de Volta Redonda, que deu início à produção de aço em 1946, a qual abriu perspectivas para o desenvolvimento industrial do país, já que o aço constitui a base ou a "matriz" para vários ramos ou tipos de indústrias.

Em 2005, com a criação da **Frente Parlamentar em Defesa do Patrimônio Público**, foi consenso de que, era preciso reparar este erro histórico não somente pelo fato da venda ter sido feita a preço de banana, mas pela importância estratégica da companhia para o país. A Vale é a maior produtora de minérios de ferro do mundo, com reservas comprovadas de 41 bilhões de toneladas deste tipo de minério, uma das maiores produtoras de ouro e prata e possui 11% das reservas mundiais de bauxita. A companhia possui também 1,8 mil km de ferrovias brasileiras e dispunha à época de sua venda de 580 mil hectares de florestas replantadas, área suficiente para a produção de 400 mil toneladas/ano de celulose.

Os deputados pretendiam também atacar outras irregularidades. A mais visível delas consiste na atuação da empresa Merrill Lynch, responsável pela sub-avaliação da Vale, como acionista, na época, do grupo Anglo American, concorrente direta da própria CVRD. A Merrill Lynch teria repassado informações estratégicas aos compradores meses antes da venda. Além disso, ela teria infringido a legislação pelo fato do grupo Anglo American ter participado do processo e venda através da empresa Projeta Consultoria Financeira S/C LTDA, caracterizando ilegal vínculo entre a organização autora do projeto e um dos licitantes. O processo teria sido marcado por outras irregularidades, como a participação como consultor do Banco Bradesco, que mais tarde viria a se tornar um dos acionistas da companhia. "Foram internacionalizados, de acordo com o TCU, 26 milhões de hectares. No entanto, o Código Penal Militar proíbe a internacionalização de áreas maiores do que dois mil hectares sem passar pelo congresso, o que não aconteceu", pontua o pesquisador Bautista Vidal.

Você sabia...

Que só o serviço de logística para clientes proporcionaram receita bruta de R$ 3,291 bilhões, 9% da receita total da Companhia. O equivalente ao valor de sua privatização... Que foi financiado pelo BNDES, com recurso público.

CONSEQUÊNCIAS DA PRIVATIZAÇÃO

Segundo Maurício Hashizun(Repórter Brasil, 27/11/07), após percorrer os estados do Pará, do Maranhão e de Tocantins em sonda às propostas (governamentais e da sociedade civil) e destacar os desafios colocados para a região Carajás , ficou observado a partir do próprio tema da reportagem que há muito minério e pouco desenvolvimento, o que atiça manifestações na região.

Tensões sociais e conflitos na região Carajás.

Maio de 2008, invasão da linha do trem por integrantes de movimentos sociais. Foto tirada por Caetano Silva, Jornal O Regional (Pará).

É citado também o artigo "Gênese de uma nova região siderúrgica: acentos e distorções de origem na faixa de Carajás/São Luís", elaborado em 1987 a pedido da então estatal Companhia Vale do Rio Doce (CVRD): "Tudo é computável no balanço das viabilidades, menos os custos ambientais ou os impactos sociais negativos".

Militantes do MST acampam próximos à Estrada de Ferro Carajás (EFC) (Foto: David Alves/Ag Pa)

Além das situações citadas acima, a empresa está envolvida em diversos processos judiciais e administrativos, envolvendo a cobrança de tributos e questionamentos em torno de isenções. A disputa com a Receita Federal envolve a cobrança de R$ 30,6 bilhões e gira em torno do pagamento de imposto sobre o lucro que as empresas aglomeradas da Vale tenham tido no exterior, dentro da compreensão do Artigo 74 da Medida Provisória 2.158-34/2001. Esse artigo afirma que, para determinação da base de cálculos do imposto de renda e da CSLL, os lucros de empresas controladas ou coligadas no exterior "serão considerados disponibilizados para a controladora no Brasil na data do balanço no qual tiverem sido apurados. A Vale responde também por processo administrativo por quatro autos de infração instaurados pela Receita Federal para cobrança do IPJ (Imposto de Renda de Pessoa Jurídica) e CSLL (Contribuição Social sobre o Lucro Líquido).

Uma das suspeitas de problemas com a Vale é que ela esteja transferindo de forma irregular lucros de todas suas atividades pelo mundo para a Suíça, exatamente por se beneficiar dessa isenção de impostos. Dessa forma, estaria quebrando o compromisso firmado para ter acesso ao benefício fiscal. De acordo com o formulário de referência de 2012, a Vale Internacional S.A., com sede na Suíça, tem um valor contábil de R$ 43,8 bilhões, muito superior ao de outras controladas no exterior, como as da Áustria ou do Canadá, por exemplo, que valem R$ 7,85 bi e R$ 9,74 bi respectivamente.

Outra questão que se coloca é que a Vale Internacional começou a incorporar diversas filiais anteriormente instaladas em paraísos fiscais e passou a registrá-las na Suíça, como mostra documentos da Junta Comercial de Vaud. São as empresas RDIF Overseas LTD, que veio das Bahamas; CVRD Overseas AS, das Ilhas Cayman; Brasamerican Limited, de Bermudas. A própria Vale Internacional S.A. era uma empresa que tinha razão social registrada como Itabira Rio Doce Company Limited, com base em Nassau, Bahamas, tendo sido inscrita pela primeira vez em dezembro de 1996, meses antes da privatização da então Companhia Vale do Rio Doce. Para o COMEFT (Consórcio dos Municípios da Estrada Ferro Carajás no Maranhão, a obrigação socioambiental da empresa pelos impactos ambientais causados não é um favor, mas sim, obrigação de quem a cada ano lucra com a desgraça do povo e as riquezas do país).

Quem Lucrou Com as Privatizações?

No segundo semestre de 2008, segundo Altamiro Borges (Artigo 31/07/2008), as multinacionais enviaram às suas matrizes US$ 18,99 bilhões em lucros(o equivalente a mais de R$ 37 bilhões), um crescimento de 94% em relação ao mesmo período do ano passado.   Esse valor corresponde ao orçamento do Bolsa família em 2008, que foi de R$ 10,4 bilhões. O equivalente a quase quatro vezes o que o governo Lula destina ao programa bolsa família que atende cerca de 40 milhões de pessoas.

A China e o Vietnam, que não entraram na onda neoliberal, e preservaram suas principais empresas estatais, estão crescendo a taxas de mais ou menos 10% ao ano, enquanto que o Brasil não consegue nem chegar a 5% no pós privatização.

Valor estimativo do prejuízo da Vale por um dia de paralização: US$ 22 milhões. (segundo o Jornal O Regional, 19 de maio de 2008).

Hoje, os Movimentos sociais cientes do grande erro do passado e cobrando que a empresa cumpra direitos sociais, mobiliza e ocupa frequentemente a estrada EFC no sentido de fazer a empresa deixe mais lucros e benefícios sociais para o país já que muitos políticos "realizados" se acomodaram.
Veja também o que diz a ex-Senadora e ex-governadora do Estado do Pará Ana Júlia Carepa (in Diário do Senado Federal):

> Não podemos deixar de falar sobre os feitos do federal tucano que, segundo o balanço das privatizações feito pelo BNDES, de 1991 a 2001 privatizou 68 empresas públicas federais, 75% de todo o patrimônio nacional. Dentre as estatais vendidas, a Vale é um desses patrimônios; o qual foi construído durante décadas, às custas do trabalho de toda nossa sociedade. E aqui podemos relembrar algumas justificativas emblemáticas dadas pelo governo FHC para dilapidar o patrimônio da nação: "A privatização diminuirá o déficit fiscal", "com a privatização o governo liberará mais recursos e terá mais capacidade gerencial para a área social"; ou"como

recurso das privatizações, o governo brasileiro reduzirá a dívida do país".

E nada aconteceu; ao contrário, a dívida pública no final de seu mandato, apenascresceu.

Diante da dilapidação dos recursos da nação, a sociedade brasileira - incluindo seus representantes no congresso não sabem a origem e descaminho de tantos recursos. Veja o que diz o deputado Federal Mauro Passos (in Revista da Câmara dos Deputados, 2006, p.9):

> E não somente nós (deputados), mas todos os brasileiros desconhecem para onde foram canalizados os recursos oriundos das privatizações.

Tão polêmica tornou-se sua privatização que o jornalista Elio Gaspari apelidou essa operação de *privataria*, criando um neologismo. Esse tipo de desvios de finalidades nas privatizações não ocorreu só no Brasil - foi identificado no mundo. Joseph E. Stiglitz, ex-Vice-Presidente Sênior para políticas de desenvolvimento do Banco Mundial, apelidou esse processo, ocorrido sobretudo nas privatizações dos anos 90, de *briberization* ("propinização").

Setores descontentes da sociedade impetraram mais de cem ações populares para tentar anular a venda da Vale - dentre elas a proposta por um grupo de juristas de São Paulo, liderados pelo professor Fábio Konder Comparato a quem se juntaram Celso Antônio Bandeira de Mello, Dalmo de Abreu Dallari, Goffredo da Silva Telles Jr. e Eros Grau. Estas ações se arrastam na justiça até hoje, com remotas possibilidades de sucesso, segundo alguns especialistas.

Campanha Pela Reestatização

Em 7 de setembro de 2007 os movimentos sociais do país unificados nessa causa nacional realizaram um plebiscito pela reestatização da Vale. O objetivo desseera sensibilizar as autoridades do país a determinarem um plebiscito oficial, o que até agora não aconteceu. A campanha intitulada "**A Vale é Nossa**" contou com a mobilização de militantes sociais das mais distintas forças políticas. Em torno da campanha, estavam articuladas organizações como a CUT, a UNE, o MST, a Intersindical e a Conlutas. O plebiscito aconteceu em 3.157 cidades brasileiras. Foram mais de três milhões de votos pela retomada da Vale, ou seja, 94,5% querem a mineradora sob o controle estatal. O estado com maior número de votação foi São Paulo, com 947.648 participações. Até agora, o silêncio de nossos governantes é a resposta a nossa sociedade – como se o povo não existisse – "fazem vista grossa" a essa aspiração social, que é também o reconhecimento de um grande erro cometido no passado por governantes que se achavam "donos de tudo". E o mais estranho: o governo petista do momento, que se elegeu falando das injustiças das privatizações, não teve postura alguma em prol da causa pleiteada no plebiscito.

Se prevalecer a reestatização, o governo teria que pagar 90 bilhões (ou atual preço da empresa em 2007) aos novos donos. E não há recurso, segundo o governo. Segundo o Jornal Folha de São Paulo (in O Liberal), para Lula, o governo federal deve se afastar de qualquer discussão sobre cancelamento da venda da CVRD. A possibilidade de reestatizar a Vale, disse o presidente, causaria forte impacto negativo na economia – desorganizando contratos e afugentando investimentos privados no país.

Para especialistas ligados ao movimento pro reestatização, a saída para o governo seria o reconhecimento da nulidade do edital e do leilão que sucedeu, e o segundo será realizar uma auditoria que revele quanto os acionistas controladores pagaram e quanto receberam ao longo de dez anos de privatização ilegal da empresa. Ao final, eles é que têm que reembolsar ao Estado por ganhos excessivos e lesividade contratual.

Frente à passividade, Paulo Passarinho (economista e presidente do CORECON-RJ) questiona: "Por que o governo Lula não orientou a Advocacia Geral da União a mudar a sua atuação nos diversos processos que defendem a nulidade do ato de venda da Vale, e passar a defender os interesses nacionais que exigem que a justiça se imponha, conforme o PT e seus dirigentes defendiam à época em que eram oposição?

A CVRD muda de nome e logomarca

Em novembro de 2007, em um momento de questionamento da privatização da empresa, em que várias entidades defendiam a realização de plebiscito oficial para avaliar a venda da mineradora, a CVRD mudou de nome e de logomarca passando a ser chamada de simplesmente Vale. A decisão, tomada por sua direção e pelo conselho de administração faz parte de um plano de reposicionamento da empresa no mercado de uma forma mais compatível com o estatuto de companhia multinacional, num processo iniciado em 2006 com a compra da Inco. Muitos críticos vêem a mudança de nome como estratégia ou forma de despistar aqueles que pretendem a reestatização.

Logotipo da estatal Vale do Rio Doce (CVRD).

Nova logomarca da empresa Vale

Segundo Bruno Rosa – Globo Online (29/11/2007), a Vale vai investir US$ 50 milhões nos próximos 4 anos para alterar todos os logotipos e nomes da empresa ao redor do mundo.

Além da mudança do nome e logomarca, a Vale, conforme Correio do Brasil e http://www.vermelho.org.br, a empresa em defesa de seus interesses mantém uma agência de espionagem cujos alvos são: Movimentos Sociais, funcionários e jornalistas.

Outra Saída ao Governo

Como aconteceu em outros países, o verdadeiro dono das estatais é o povo. Com o impulso do sistema neoliberal ou "lobismo" político de altos tubarões do poder, a febre das privatizações no governo brasileiro não levou em conta a opinião pública, ou seja, venderam um bem nosso sem nos perguntar se realmente queríamos vendê-lo e o pior: a preços incrivelmente baixo.

O caminho democrático seria o governo entregar as empresas aos seus verdadeiros **donos**: a sociedade (cidadãos do país). Isso foi feito na Inglaterra, país que é tido como o berço do neoliberalismo mundial. Em sua gestão, a então primeira-ministra Margaret Thatcher entregou o controle das empresas estatais à população inglesa por meio da pulverização de ações, ao invés de vendê-las a preços ridículos a pequenos grupos empresariais, o que contribuiria para a concentração de renda no país.

Em nosso caso, o governo brasileiro preferiu reafirmar a sua posição ao lado do empresariado brasileiro e internacional a beneficiar o povo. Não só os empresários internacionais agradecem a asneira cometida pelo governo no desmonte do Estado, como os seus credores internacionais, já que o dinheiro (a pechincha) paga ao governo pelas estatais não foi dirigida a nenhum programa social para amenizar o sofrimento do povo brasileiro, mas sim para pagar os juros da dívida externa que, no governo FHC se tornara ainda mais intermináveis.

Na entrevista (ao estadão.com.br, em 8/09/2008), a ministra Dilma Rousseff afirma: "Essa história de neoliberalismo valia para nós, somente para nós. Vocês (jornalistas) estão descobrindo um pouco tarde" ou se omitiram no momento oportuno.

Outra alternativa seria uma gestão através da governança coorporativa. Da empresa, como o que acontece com grandes empresas privadas e a Petrobras, modelo de gestão e desenvolvimento.

Para que qualquer relação de negócio jurídico seja válido, deve haver a necessária boa fé. Sem a necessária boa-fé, nas relações e negócios jurídicos todos os atos em si, e deles decorrentes, conforme a lei, são nulos de pleno direito. Para Fábio Konder Comparato, presidente da Comissão de Defesa da República e da Democracia do Conselho Federal da OAB, em direito privado, são anuláveis por lesão os contratos em que uma das partes, sob premente necessidade ou inexperiência, obriga-se a prestação manifestantemente desproporcional ao valor da prestação oposta (Código Civil, art. 157). A hipótese pode até configurar o crime de usura real, quando essa desproporção de valores dá a um dos contratantes lucro patrimonial 'que exceda o quinto do valor corrente ou justo da prestação feita ou prometida' (lei nº 1.521, de 1951, art. 4º, b). A lei penal acrescenta que são co-autores do crime "os procuradores, mandatários ou mediadores que intervieram na operação".

Como destacou Comparato, "o edital de alienação do controle da Companhia Vale do Rio Doce se limitou a declarar que a desestatização da empresa enquadra-se nos objetivos do PND (Programa Nacional de Desestatização). Fora do edital, o governo federal adiantou duas justificativas: a necessidade de reduzir o endividamento público e a carência de recursos financeiros estatais para investimentos na companhia. Ambas as explicações revelaram-se falsas. O endividamento do que no começo do governo Fernando Henrique Cardoso era de 60 bilhões, havia decuplicado ao término do segundo mandato presidencial. Por sua vez, o BNDES, dispondo de recursos públicos, financiou a desestatização da companhia.

"Mas a entrega de mão beijada da Vale ao capital privado", continuou Fábio Comparato, foi também um desmando político colossal nesta era da globalização. O Estado desfez-se da maior exportadora mundial de minério de ferro exatamente no momento em que a China iniciava seu avanço espetacular na produção de aço. Hoje, a China absorve da Vale, isto é, de uma companhia privada, e não do Estado brasileiro, quase 30% da produção desse minério. Além disso, a companhia, que possuía o mais completo mapa geológico do nosso território, já era, ao ser alienado, concessionário da exploração de quase 1 bilhão de toneladas de cobre, de 678 milhões de bauxita, além da lavra de dois minérios de alto valor estratégico: o nióbio e o tungstênio. "Esse triunfo político considerável foi literalmente jogado fora".

Na Bolívia, a população conseguiu reestatizar o gás e até a água, dois bens fundamentais que estavam em mãos de empresas privadas estrangeiras. Na Venezuela, o petróleo transformou a PDVSA num Estado paralelo internacional.Com apoio e pressão popular, o governo local tomou a empresa e hoje coloca seus lucros para atender as populações, principalmente as mais pobres. Ou seja, as condições para a reestatização da CVRD existem, mas se exige ampla mobilização da sociedade. Nos EUA, houve também uma intensa mobilização, com participação, inclusive dos parlamentares, para impedir a venda da petrolífera Unocal para uma estatal chinesa. Mesmo sendo a Unocal uma empresa privada, a negociação foi suspensa com a justificativa de que ameaçava a segurança nacional.

O Governo Federal precisa ser pressionado a assumir o pólo ativo na ação judicial pela retomada do controle da Vale. Os movimentos sociais, sindicais e setores mais progressistas de partidos e instiuições precisam reagir. Caso contrário, falta um "Evo Morale" , ou um governo de punho firme para a causa – que aceite o desafio de promover um **plebiscito nacional** – e dê ao povo brasileiro a liberdade de escolher seus caminhos.

Até hoje, a pretensa "privatização" da Vale – que é controlada "para valer" por interesses e capitais externos, em sua maioria – é questionada na justiça, sem que nenhuma ação saia do lugar.

Ponte sobre o Rio Tocantins em fase de construção e construída.

Em seminário fechado para um balanço das privatizações na América Latina, sob o patrocínio da Agência Norte-Americana de Desenvolvimento Internacional (Usaid), reuniram-se em Porto Alegre, empresários e representantes dos governos de vários países latino-americanos, além do governador Antonio Brito, ministros brasileiros, o representante da agência norte-americana e outras expressões do neoliberalismo. Objetivo: um balanço das privatizações na região.

A ideologia era: "Governo é para propiciar negócio" - Entregando os bens da Nação?

No documentário "O fracasso das privatizações, (12/02/2001, por Álvaro Queiroz), abre-se um parêntese para relembrarmos episódio do seminário da Usaid em Porto Alegre, quando o ministro dos Transportes, Eliseu Padilha, fez o resumo de uma palestra que proferira perante um auditório de empresários ingleses, em Londres. Lá o ministro, exaltando a velocidade na execução de todos os portos do país em apenas três anos de mandato de FHC. O auditório inglês reagiu com sonora gargalhada.   Perplexo diante dos empresários, o ministro perguntou a razão da gargalhada. Resposta: "É que a primeira-ministra Thatcher, em 12 anos de governo, privatizou apenas dois dos oito principais portos do país e certamente o seu sucessor não vai privatizar os demais. Os brasileiros estão agindo com muita pressa".

Este documentário serve para esclarecer que a iniciativa das privatizações nada tem a ver com a ineficiência das estatais, e sim, é uma iniciativa dos grupos financeiros internacionais, apoiados pelos governos dos países industrializados.

ATUALIDADE E PERSPECTIVA DA EMPRESA

A Vale prevê cenário promissor para metais e ferro até 2012. Já para a mineradora Rio Tinto, a demanda vai triplicar em 25 anos. E em recente relatório, o Credit Suisse previu um aumento de 30% no preço do minério de ferro para 2009, depois que o produto foi reajustado em 65% para o ano de 2008.

Segundo Lúcio Flávio Pinto, nas radiosas notícias espalhadas pela grande imprensa nacional, (em inícios de 2008), todas as mineradoras saíram ganhando com a quase duplicação do preço do minério de ferro nos últimos cinco anos inclusive o governo com o aumento de arrecadações. Mas quem na verdade vai pagar por esse aumento é o consumidor em todos os recantos do mundo. As exportações da Vale, se os novos preços forem aplicados a todos os seus contratos, passarão de US$ 20 bilhões. De Carajás sairá quase US$ 9 bilhões só em minério de ferro, a maior parte da produção destinada ao mercado externo (em proporção muito maior do que no Sistema Sul da Vale, que serve o mercado nacional).

Só a China é responsável pelo consumo mundial de minério de ferro, 24,2%, do de níquel, 33% do alumínio e 26,3% do de cobre.

A China foi o principal destino do minério de ferro da CVRD no ano passado tendo absorvido 28,5 por cento de um total de 272 milhões de toneladas.
Em 2005, o segundo maior comprador do minério da CVRD foi o próprio Brasil (17,1 por cento), seguido do Japão (10,5 por cento).

Apesar da mineradora auferir os bilhões que vão contabilizar seus ganhos e consequentemente elevar seu custo de mercado, a mesma tem uma dívida social com população de Parauapebas– que é aonde se localiza a província mineral de Carajás.
Segundo Hernandes Espinhosa Margalho, procurador geral de Parauapebas, a certidão da dívida ativa da União, que traz o nº 171/2008 consta que, do total do débito, R$ 650.450.156,68 (seiscentos e cinquenta milhões...) são referentes à dívida da Vale e R$ 31.269.135,44 de responsabilidade da Rio Doce Manganês, empresa controlada da mineradora (Vale).
(Fonte: Site de Parauapebas, 12/2008).

Até 2012, a Vale investirá US$ 59 bilhões em todo mundo, sendo que 77% desse valor serão destinados a projetos no Brasil e 23% no exterior. O Pará receberá investimentos de US$ 20 bilhões, cerca de 34% do valor anunciado para investimentos em todo mundo. Dos 62 mil empregos que a Vale irá criar em todos os países, em que atua até 2012, 35 mil (mais de 56%)estarão no Pará.

A concessão pela exploração de minérios do subsolo brasileiro é dada pelo Congresso Nacional, conforme parágrafo 1º do artigo 176 da Constituição Federal. Considerando o fato de que a exploração constitui verdadeiro múnus público aos municípios em que é realizada, pela chegada de famílias de migrantes que devem ver atendidos seus direitos fundamentais a educação, saúde, moradia e alimentação. E, mais, a exploração que hoje gera riquezas para particulares também gera pobreza para a região, que tem seus recursos naturais destruídos/exauridos.

O sentimento diário ao ver a locomotiva de 200 vagões indo embora entre 15 a 20 vezes é de que, no futuro, podemos estar condenados a um desastre, e nos deixa indignados. E esse minério, "indo sem nenhum beneficiamento produzir riqueza e empregos na Europa, Ásia, América do Norte". **(Vale do Rio Doce: nem tudo que reluz é ouro – da privatização à luta pela reestatização,** São Paulo: Sundermann, 2007, p. 68).

Apesar da crise econômica deflagrada nos Estados Unidos nos últimos anos, e a Vale ter demitido 1300 funcionários em todo mundo, a empresa anunciava embarque recorde de ferro para a China. (26/02/2009).

E, em Parauapebas, considerada a Capital Nacional do Minério, graças ao precioso METAL, as exportações de Parauapebas cresceram 32,8% em março de 2009. Com relação ao saldo da balança comercial (diferença entre o que se compra e o que se vende, Parauapebas tem o maior saldo do Brasil, em 2009 o saldo do município foi de US$ 1.020.696.777 (um bilhão, vinte milhões seiscentos e setenta e nove mil setecentos e sessenta e sete dólares).

Os principais compradores foram: China, Japão, Coréia do Sul, Suiça e Reino Unido. (Jornal O Regional, p.3,).

Atualmente a empresa possui 9.000 km de rede ferroviária e 8 portos - e é responsável por 40% da movimentação do comércio exterior.

Excelente Desempenho Empresarial da Vale

1. A empresa deu um salto nas suas vendas a partir de 2003, quando se colocou no desempenho fantástico da China como "fábrica do mundo".

2. A Vale soube aproveitar a nova divisão internacional do trabalho.

3. crescimento médio de 48% ao ano, nos últimos 5 anos. Dobra de tamanho a cada dois anos. Para se ter uma ideia da fantástica margem de lucro da Vale, as montadoras de automóveis no país operam com uma margem de lucro de 3% do faturamento total. A margem de lucro da Vale em 2009, ano de crise, foi de 26% em relação ao faturamento total da empresa. Enquanto a Volks, Fiat, GM tem cerca de US$ 500 milhões de lucro líquido anual, a Vale lucra 20 vezes mais que qualquer das montadoras. A que se deve esta margem tão alta nos negócios? Enquanto as montadoras pagam um média salarial de 3 mil reais por mês, a Vale paga a metade ou menos. Outra explicação que se incluiria – que faz sentido e é coincidente – é o fato de a empresa, poucos meses antes de ser privatizada, ter sido votada a lei Kandir (deputado tucano), que deixou em zero por cento o imposto de ICMS da exportação de minério. Outro fato é a baixa taxa mineral que a empresa paga ao país, ficando com o melhor.

4. Tornou-se uma corporação transnacional, onde grandes investidores internacionais adquiriram a maioria das ações, alavancando seu crescimento espetacular.

5. Está diversificando sua produção, níquel, cobre, carvão, logística, energia etc. para depender menos do minério de ferro e da produção brasileira. 61% das suas rendas provém do minério de ferro ainda e 30% de não ferroso. Logística 4%, carvão 2%.

6. Os compradores da Vale retiraram o que gastaram na aquisição no lucro líquido, praticamente não investido na empresa, até 2002. A partir de 2003, o volume dos lucros foi tão alto, que compensou. Em 2009 a empresa entregou 51% de seu lucro líquido aos seus donos.

7. Meta: produzir 450 milhões de toneladas de minério de ferro, contra 300 milhões toneladas hoje produzidas (2010). Em 4 anos vai crescer 50% a produção de ferro! Grosso da expansão é em Carajás.

8. Pretende ser a maior mineradora de níquel, pois a indústria automobilística está mudando carros para os elétricos. Próximos 5 anos boom do carro elétrico e as baterias utilizam o níquel como matéria-prima.

9. Quer se transformar nos próximos 5 anos na maior mineradora do mundo. Para isto, investirá cerca de 13 bilhões de dólares por ano! Para se ter uma ideia de

comparação, todas as montadoras no Brasil investiram em 2009 somente 2,9 bilhões de dólares.

10- Em 2008, a Vale vendeu 293 milhões de toneladas de minério de ferro. Este minério bruto, sem industrializar, tem o mesmo valor de 13 milhões de toneladas de aço.

Alíquotas

De acordo com a Lei 7.990/89, as alíquotas da CFEM (Compensação Financeira por Exploração Mineral), são de 3% (sobre minério de alumínio, manganês, sal-gema e potássio), 2% ferro, fertilizante, carvão e demais substâncias), 1% (ouro), e 0,2% (pedras preciosas e coradas lapidáveis; carbono e metais nobres). (Site de Parauapebas, 12/2008).
Segundo Hernandes Espinhosa Margalho, procurador geral de Parauapebas, a certidão da dívida ativa da União, que traz o n° 171/2008 consta que, do total do débito, R$ 650.450.156,68 são referentes a dívida da Vale e R$ 31.269.135,44 de responsabilidade da Rio Doce Manganês, empresa controlada da mineradora (Vale).
(Fonte: Site de Parauapebas, 12/2008). E paga 0% de ICMS, segundo a Lei Kandir, votada pouco antes da privatização (por Antonio Kandir –PSDB de S.Paulo).
A lei Kandir, segundo estudo do Tribunal de Contas da União – TCE, apresentado ao governador em agosto (2011), trouxe perdas na arrecadação tributária de R$ 21,5 bilhões ao Pará, no período compreendido entre 1997 e 2010.

A receita obtida dos royalties é distribuída da seguinte forma:

- 12% para órgão da União (DNPM, IBAMA, MCT);
- 23% para o Estado onde for extraída a substância mineral;
- 65% para o município produtor.

Royalties da Exploração Mineral: Uma Análise Comparativaentre EUA, Canadá, Venezuela e Brasil

Questão/país	EUA	Canadá	Venezuela	Brasil
* Que taxa é adotada?	5% a 12,5%	3% a 9%	1% a 4%	1% a 3%
* A taxa varia em função de quê?	1- Recurso mineral; 2- Tipo de propriedade.	1- Recurso mineral, 2- teor da jazida, 3- retorno do capital investido.	1- recurso mineral; 2-Teor da jazida.	1- Recurso mineral
* Como se denomina?	Customary royalty rate	Provincial mining tax	Taxa de lavra royalty	Compensação financeira sobre a exploração mineral (CFEM); royalty.
Qual a base de incidência da taxa?	Receita bruta	Receita bruta e líquida.	Receita bruta	
Como se distribui entre os beneficiários?	Terras públicas: 50% estado; 40% reclamation fund, 10% general Fund Treasaury terras indígenas BIA distribui entre as tribos, propriedades privadas acordos.	Províncias são as proprietárias e estabelecem critérios próprios.	________ ________ ________	65% Município 23% Estado 12% União.

Fonte: SILVA, Maria Amélia Rodrigues da. Royalties da Mineração. 1996.

Quanto tempo durarão as reservas minerais do Brasil?

Ferro: 540 anos
bauxita: 187 anos
Manganês: 185 anos   ouro: 25 anos
Cobre: 24 anos   caulim: 350 anos

Fonte: Tribuna daimprensa.com.br. 16/10/2007. Hélio Fernandes.

VALE VAI OPERAR MEGATREM DE 330 VAGÕES

Já opera experimentalmente, para treinamento dos maquinistas, a composição ferroviária listada entre as maiores do mundo, dotada de 330 vagões e quatro locomotivas. Com 3,5 quilômetros de comprimento, o megatrem, que leva 34 mil toneladas de minério, a partir de maio entrará em ritmo normal de operação na linha de bitola larga da Estrada de Ferro Carajás (EFC), pertencente à Cia. Vale do Rio Doce (CVRD).
A companhia, que prevê, para as reservas de Carajás, uma produção de 225 milhões de toneladas em 2012, mais do dobro em relação ao previsto para 2008, de 100 milhões de toneladas.

Um lote de mil vagões está sendo incorporado à frota da EFC, comprado junto à Maxion. "Com essa aquisição - e outra, anterior, de 800 unidades - a frota de Carajás sobe para 11 mil vagões e ajuda a viabilizar a formação de trens de 330 vagões previstos no plano de logística para dobrar o volume de ferrovia", disse o executivo.
Nesse sentido, além do investimento para dotar a EFC de capacidade para transportar 225 milhões de toneladas, a

Estrada de Ferro Vitória a Minas (EFVM) está sendo preparada para movimentar 135 milhões de toneladas por ano. Simultaneamente, a Vale expande seus terminais marítimos, de Ponta da Madeira (MA), para embarcar 215 milhões de toneladas por ano (trazidas pela EFC), e de Tubarão (ES), para embarcar 120 milhões de toneladas do minério (pelos trilhos da Vitória Minas). A Vale também opera e embarca minério de ferro nos terminais marítimos da Ilha de Guaíba e Itaguaí, localizados no Rio.

A Vale é hoje uma empresa privada, de capital aberto, com sede na cidade do Rio de Janeiro, e ações negociadas na Bovespa e no NYSE, integrando o Dow Jones Sector Titans Composite Index.

E quem é o dono da Valepar?

A Valepar é um consórcio que detém 32,3% do capital votante da Vale.

São a Previ, fundo de previdência dos funcionários do Banco do Brasil, com 49% do capital votante e 59% do capital total; Bradespar, do Bradesco, com 21, 2% e 17,4% (do capital total); a japonesa Mitsui(18,2% e 15% (do capital total); BNDESpar, (11,6% e 9,5% do capital total); Oportunity (de Daniel Dantas), 0,03% e 0,02% do capital total.

Afirma-se que seu controle não está nas mãos do governo, mas ainda se encontra em mãos de trabalhadores brasileiros. **Apenas o controle...** E O PRECIOSOE FABULOSO LUCRO?

Quais os demais acionistas?

As ações da Vale são negociadas nas bolsas de São Paulo, NovaYork e Madri. Do capital total, 62,3% estão nos mercados chamado "free float". Os investidores estrangeiros detém a maior parte dessas ações, 68% contra 32% de brasileiros. (Economia, 24/10/2006).

Fonte:
http://pt.wikipedia.org/wiki/Companhia_Vale_do_Rio_Doce

Apesar de acionista minoritário da Vale, o governo federal tem poder de veto sobre determinadas operações da empresa – poder garantido por ações especiais, as "golden share", negociadas à época da privatização da companhia.
Além disso, o governo tem ainda uma participação indireta importante no bloco de controle da Vale, por meio da Previ, fundo de pensão dos funcionários do estatal Banco do Brasil.

PAÍSES ONDE A CVRD/VALE SE LOCALIZA

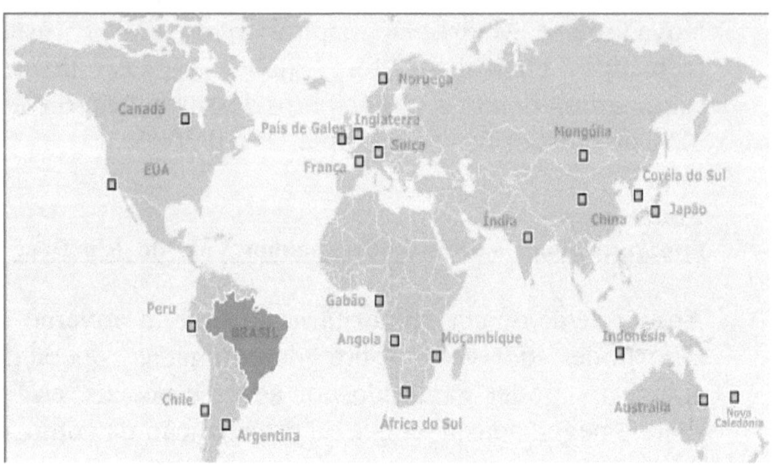

Principais países onde a CVRD se localiza: EUA, Canadá, Peru, Chile, Argentina, Angola, Gabão, França, Suíça, Noruega, África do Sul, Moçambique, Austrália, Japão, Coréia do Sul, Mongólia, China, Índia, Canadá e outros.

Atualmente é um conglomerado de 60 empresas atuando em 38 países, nos cinco continentes.

A VALE abastece o mercado global com produtos que dão origem a uma infinidade de elementos presentes no dia-a-dia de milhões de pessoas em todo o mundo. Exportados para diversos países, os minérios passam por transformações e são incorporados aos costumes locais na forma de novos produtos de uso comum – de carros a aviões, de fogões a computadores, além de serem largamente empregados na construção de estruturas e fundações.

ESTADOS BRASILEIROS ONDE A CVRD EXPLORA MINÉRIOS NO BRASIL

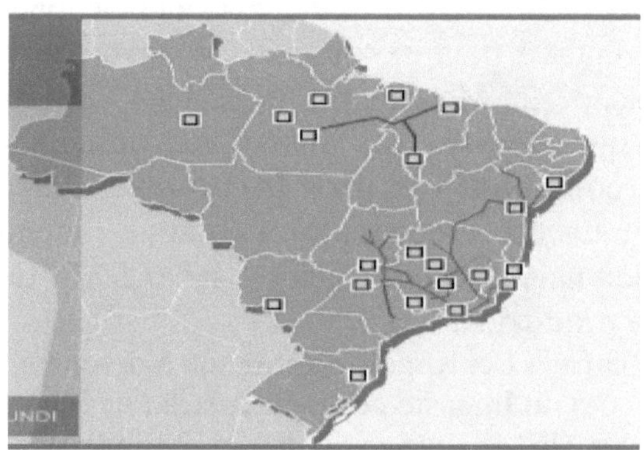

Atua em 14 Estados brasileiros: Pará, Tocantins, Sergipe, Bahia,Minas Gerais, Espírito Santo, Rio de Janeiro, São Paulo, Goiás, Mato Grosso do Sul, Rio Grande do Sul, Santa Catarina e Amazonas.

SAIBA MAIS SOBRE A VALE:

❖ Consome 5% da energia elétrica do Brasil;
❖ Possui concessões por tempo ilimitado, para realizar pesquisas e explorar o subsolo em 23 milhões de hectares do território brasileiro, uma área correspondente aos estados de Pernambuco, Alagoas, Sergipe, Paraíba e Rio Grande do Norte (juntos) – ainda que a lei proíba os estrangeiros de possuir mais de 2 mil hectares de terra sem a aprovação do Senado ou das Forças Armadas.
❖ A empresa paga o CFEM (Compensação Financeira pela Exploração Mineral), que corresponde a 2% sobre a produção líquida. A CFEM, que é paga pelas mineradoras, é destinada aos Estados e ao Distrito Federal (23%), municípios (65%); e para o Departamento Nacional de Patrimônio Mineral (DNPM), Instituto Brasileiro de Meio Ambiente (IBAMA) e Ministério de

Minas e Energia (12%).   O Pará e Minas Gerais são os maiores arrecadadores do CFEM.

❖ A empresa é a principal beneficiária da Lei Kandir apresentada pelo deputado Antonio Kandir em maio de 1996 –PSDB-SP, que lhe isenta de pagar um único centavo pela exportação de ferro (de ICMS-Circulação de Mercadoria e Serviço), ao mesmo tempo que repassa aos municípios mineradores a CFM, como uma das mais baixas taxas do mundo, 2%, quando comparada a outras mineradoras internacionais, que chegam até 7,5% de toda riqueza produzida.

❖ (...) a chamada Lei Kandir determinou a desoneração das exportações do Imposto sobre Circulação de Mercadorias e Serviços (ICMS), no valor de R$ 3,9 bilhões. Valor esse, ressarcido aos Estados.

O ministro, no entanto, reiterou a posição do governo de que é contrário à continuidade do ressarcimento aos Estados por eventuais perdas geradas pela Lei Kandir, que desonerou de ICMS as exportações. A proposta mais viável seria deixar exonerado de ICMS produtos secundários (industrializados), o que seria uma contribuição para competir no mercado internacional e atrair divisas para a balança comercial e deixar onerado de ICMS produtos primários como minerais (ferro, ouro, cobre, níquel, petróleo e outros), que são estratégicos para o desenvolvimento do país numa dimensão maior. Em outros pontos, a possibilidade de redução da alíquota, excluindo-se a hipótese de "zerar!". Afinal, uma grande empresa como a Vale, não é mais do povo brasileiro.

RENATA VERÍSSIMO - 11 de novembro de 2009

❖ A tonelada de ferro custa U$S 45,00 (Set. de 2007). Em 2008, com a alta dos minérios, o minério de Carajás, considerado o mais alto teor do mundo, recebeu aumento de 71%; dando um acúmulo anual no caixa da empresa de R$ 12 bilhões.Na 1ª semana de abril (2010), a Vale conseguiu reajustar o preço do minério de ferro em torno de 100%. Imediatamente, se levantou um protesto internacional por parte das siderúrgicas, montadoras e empresas em geral contra o oligopólio formado por três empresas fornecedoras de minério de ferro: (Vale, BHP e Rio Tinto) que dominam 75% das vendas deste produto no mundo. A Vale consegue impor este aumento porque a China está comprando todo seu minério. EUA e Europa continuam em agonia econômica, por isso há uma gritaria generalizada nos países imperialistas.

❖ A Vale extrai 250 mil toneladas de ferro por dia só em Carajás (em 2007).

❖ Em 2007, a Vale extraiu minério de ferro suficiente para encher 50 mil piscinas olímpicas e gerou receitas de US$ 39,7 bilhões - quase 10 vezes mais do que em 2001.

❖ Desde sua fundação até os dias atuais a empresa já extraiu 5 bilhões de toneladas de ferro no Brasil. O equivalente a vagões lotados dando 5 voltas em torno da terra.

Trem da Vale carregado de minério.

❖ A empresa insere-se no cenário mundial com governança corporativa clara e transparente, compromisso com a causa ambiental e com o investimento no desenvolvimento social das comunidades do entorno das regiões onde atua.

❖ A Vale abastece o mercado global com produtos que dão origem a uma infinidade de elementos presentes no dia-a-dia de milhões de pessoas em todo o mundo. Exportados para diversos países, os minérios passam por transformações e são incorporados aos costumes locais na forma de novos produtos de uso comum – de carros a aviões, de fogões a computadores, além de serem largamente empregados na construção de estruturas e fundações.

❖ A empresa possui um amplo programa de pesquisa mineral em 19 países, buscando novos depósitos de cobre, manganês, minério de ferro, níquel, caulim, bauxita, fosfato, potássio, carvão, urânio e PGMs.

❖ Atualmente a Vale está desenvolvendo um amplo programa de pesquisas minerais que tem por objetivo buscar oportunidades de qualidade e que estejam em sintonia com a estratégia de crescimento , garantindo novas reservas minerais para o futuro.

Ameaças à soberania

A privatização inclusive atenta contra a Constituição Federal. Reservas de Urânio (matéria-prima para a energia e armas nucleares) são de propriedade exclusiva da União e não poderia ter sido vendidas. Já a exploração mineral na faixa de fronteira não pode ser realizada sem uma aprovação do Congresso Nacional – o que não ocorreu.

Outro fato relevante é citado em CMI (28/01/2010), na temática **"Transferência ilegal dos minerais nucleares"**:

Segundo informações da própria Vale do Rio Doce, constantes de um documento da Comissão Nacional de Energia Nuclear de março de 1997 e do relatório da coppe, confirmou-se a presença de urânio – mineral nuclear de uso estratégico – nas ares denominadas Corpo Alemão e Corpo Salobo 3 Alpha (na área da Salobo Metais, Subsidiária da Vale em funcionamento no Pará).

A venda da Vale também compromete a soberania do Brasil ao transferir para acionistas estrangeiros 23 milhões de hectares de terra. De acordo com o Código Penal Militar, é proibido a estrangeiros possuir mais de dois mil hectares de terra, sem a aprovação do Senado e das Forças Armadas, o que também não aconteceu.

As privatizações – quer dizer, doações -, feitas com o nosso patrimônio, foram e é parte de um grande processo de invasão do Brasil. A invasão econômica é mais eficaz que a militar, e uma abre caminho para a outra. Isto, graças a governos entreguistas.

Para o documentário "Trabalhadores da Vale em defesa do emprego, 2009", a Vale vale 100 vezes mais que a montadora GM (americana) – no período da concordata – que durante 70 anos foi a maior e mais rica empresa do mundo.

Você sabia...

Que o Brasil detém 12% das reservas auríferas do planeta. Que a maior reserva de cassiterita do planeta está no Brasil, na região Norte.

Cassiterita

Da cassiterita é extraído o estanho, com o qual se fabrica desde bules a porta retratos, ligas metálicas utilizadas para recobrir outros metais para protegê-lo da corrosão - não se oxida com o ar e é resistente a corrosão. O estanho liga-se prontamente com o ferro, e foi muito usado na indústria automotiva para revestimento e acabamento da lataria.

Usado também em correntes, telhas e âncora. É usado para soldar juntas de tubulações ou de circuitos elétricos e eletrônicos. Na forma de ligas é usado para a fabricação de molas, fusíveis, tubos e peças de fundição como mancais e bronzinas. O estanho foi um dos primeiros supercondutores a ser estudados. Sais de estanho são usados em espelho, fios, solda, pó desoxidante, na indústria alimentícia, é utilizado no revestimento de chapas de aço, formando a folha de flandres que reveste o interior de latas de conservas e bebidas. Seus subprodutos são também utilizados pelas indústrias cerâmicas, de tintas, de fungicidas, de produtos farmacêuticos e para a lavoura.

O mercado mundial de estanho encontra-se no patamar de 320 milhões de toneladas anuais. No Brasil, o grupo Paranapanema é o maior fabricante nacional de estanho refinado.

Seu estanho está registrado na Bolsa de Metais de Londres LME - A atuação comercial está focada em contratos de longo prazo, é negociado principalmente com Estados Unidos e Europa; mercado interno e Mercosul também são atendidos, em volumes menores.

O estanho adicionado ao cobre forma o bronze, uma das ligas mais antigas do mundo.

PRVATIZAÇÃO: A SAÍDA OU O FUNDO DO POÇO?
OPINIÕES DE INTERNAUTAS E INTELECTUAIS

Por Adilson Motta

Como o título deste trabalho é "Vale: Privatização – A saída ou o fundo do poço" , é válido observar que, se analisarmos numa ótica sem camuflagem, e numa visão global do que é realmente essa empresa potencial, que já pertenceu ao povo brasileiro a qual lhe foi expropriada sem consulta popular (plebiscito) – o que já é um fato negativo, concluiremos que nossa sociedade foi injustiçada por governos que governaram como se o povo não existisse. Simplesmente porqueo **grande capital internacional** assim determinava no bojo de uma política "neoliberal" americana, a serviço do sistema capitalista – consolidando suas bases e tornando mais distantes e remotas as possibilidades de um mundo socialista; ou fora essa observação, uma política tática por parte dos países ricos e multinacionais, que, confiantes no pior câncer que temos, a corrupção, alojada no coração da política brasileira – onde **governos entreguistas** – favorecerem privatizações das riquezas nacionais ou internacionalização de nossas riquezas.A medida que observarmos que a Vale em 1997 – quando foi privatizada tinha apenas 11.000 funcionários e hoje (2012), com toda estabilidade e lucratividade tem um quadro de 138 milfuncionários (no mundo todo – entre profissionais próprios e terceirizados),vamos chegar a conclusão – só por estes fatos – que foi uma boa saída. No entanto, quando observamos que a mesma, que extrai minério em 14 estados brasileiros (toda riqueza potencial mineral de nosso país), opera em 17 países e que a fabulosa riqueza maior vai para fora para novos investimentos em aquisição de novas empresas minerárias com nossas riquezas, e que paga 0% de ICMS aos cofres públicos (isenção adquirida pela lei Kandir criada pouco antes de ser privatizada), ficando apenas a barganha para o povo brasileiro. Esses bilhões de lucros que vão para acionistas privados em menosprezo ao social, dariam de solucionar muitos problemas sociais como pobreza, analfabetismo e desigualdade social (o que temos em abundância). É verdade que gerou muitos empregos, cresceu e se tornou próspera – a segunda maior mineradora do mundo. Mas, a riqueza maior a sociedade brasileira não usufrui. Nesta ótica, a privatização foi o fundo do poço.

Acredito que, por trás da privatização da CVRD/Vale, não houve uma integridade e boa consciência ou boa-fé e sim um jogo de interesse ou carta marcada onde tudo foi detalhadamente "planejado, arquitetado-forjado" para se atingir o fim: privatizar, sinônimo de entregar, "obter, adquirir". A ideologia dos governos para tentar convencer era de que, o próprio Estado ficaria aliviado de uma pesada carga de incumbênciase ganharia maior agilidade para se organizar e cuidar daquilo que realmente "importa". Hoje, é visto com assombroos resultados exibidos pelas novas empresas (privatizadas) e os altos faturamentos que apresentam.

Para o geólogo Gabriel Guerreiro (apud Cota, in Invasão desarmada, p.120, 2007), existe uma política mineral deliberada de transferência de recursos estratégicos para o centro do sistema econômico – nos esquemas de uma política entreguista. Tal diretriz foi traçada por Charles Whight, secretário norte-americano do após-guerra. E está sendo seguida à risca pelo governo brasileiro. Nela se enquadra o Projeto Grande Carajás.

Em alguns países, essas vendas são polêmicas, pois setores da sociedade, apoiados por alguns economistas acreditam que essas privatizações podem se transformar numa simples "apropriação" das riquezas do Estado por alguns grupos privados privilegiados – que objetivam apenas obter lucro para si, nem sempre com isso aumentando o "bem-estar" da população ou a riqueza do país. O teorema de Sappington-Stiglitz "demonstra que um governo 'ideal' poderia atingir um maior nível de eficiência administrando diretamente uma **empresa estatal** do que privatizando-a". (Stiglitz, 1994,179).

A Vale sempre foi potencial, acontece que governos míopes e incompetentes não deram seu devido caminho (eficiente e capaz) para que a empresa operasse no potencial que hoje seus acionistas privados o fazem. Ao invés disso, transformaram em sucata, em verdadeiro cabide de emprego político. Assim sucedeu nos dois governos que precederam aquele que forjou sua privatização.

É o que comprova a Revista Veja no documentário "**Sujeira sob o tapete**" (de 06/08/1997), onde afirma que "os ex-presidentes Itamar Franco e José Sarney empregavam afilhados na companhia. Outros políticosque a usavam eram os ex-governadores Epitácio Cafeteira, do Maranhão, Jader Barbalho, do Pará, e Newton Cardoso, de Minas Gerais. Entram nessa lista o ex-presidente Aureliano Chaves e um grupo de quarenta deputados e vinte senadores". Segundo a reportagem, a combinação de burocracia, ladroagem, uso político e ineficiência pesou nas costas dessas empresas como um "saco de pedras".

Outra saída viável, sem necessidade de reestatização seria, através de uma auditoria, avaliar todo processo de privatizaçãoda Vale e, se confirmado o fato de corrupção em seu processo de venda, a empresa atual deveria repassar ao país o rombo ou converter em ações da empresa em nome de seus verdadeiros donos "expropriados" – a Nação Brasileira. E, ampliar a tarifa CFEM (Compensação Financeira pela Exploração Mineral) de 2% para 5 a 7% ou invalidar a Lei Kandir, que isenta em 0% o ICMS de todo minério do qual o Brasil não usufrui. Pois pouco antes de sua privatização, a Lei Kandir foi aplicada (que isenta em o% a exportação de matéria prima como minério e outros). (Adilson Motta).

No terceiro trimestre de 2008, a Vale lucrou R$ 12,4 bilhões.
Nos primeiros quatro meses de 2008, o Brasil teve um saldo positivo de US$ 2 bilhões (acima de 4 bilhões de reais) nas suas

transasões com o resto do mundo.

Quem lucrou mais? A **VALE.**

Tucuruí, Parauapebas, Oriximiná e Barcarena recebem milhões em royalties. A população está empregada nesses municípios? Tem saneamento e urbanização para todo mundo? Esses municípios oferecem a melhor saúde e educação para suas populações? Os jovens tem trabalho, estão sendo bem formados? Só com controle da população sobre o planejamento do uso dos recursos e sobre a aplicação, o município pode usufruir o benefício dos royalties. Do contrário, quem enriquece são os prefeitos e governos de plantão.

No início da década de 1990, a privatização era vista como um elixir que rejuvenesceria infraestruturas letárgicas e ineficientes e revitalizaria economias estagnadas. Atualmente, entretanto, a privatização é vista de forma cética e hostil. Pesquisas de opinião pública, especialmente na América Latina, têm revelado uma crescente insatisfação com o modelo de privatizações. No ano de 2002, 90% dos argentinos, 80% dos chilenos, 78% dos bolivianos, 72% dos mexicanos, 70% dos nicaragüenses, 68% dos peruanos e 62% dos brasileiros pesquisados desaprovaram as privatizações.

Se antes, a C.V.R.D. (atual Vale) não representava lucro e geração de riquezas para o país, se torna contraditório quando analisamos o fato de que as exportações dos estados da Amazônia, segundo o professor Samuel Benchimol, da universidade do Amazonas, mostra que o perfil das exportação paraense começou a mudar nos anos 70 com o início da implantação dos grandes projetos, como as hidrelétricas de Tucuruí e Serra dos Carajás. Elas deram um salto de us$ 88,85 milhões em 1975 para us$ 441 milhões cinco anos depois, chegando a us$ 2,1 bilhões em 1996 – um crescimento de 2.300% em 20 anos. **Por Chico, em 09/10/2007**

Eu creio que a forma como se privatizou a Vale foi totalmente errada. Mas, imaginando que ela volte ao poder público, o que ocorrerá? Provavelmente ela triplicaria o número defuncionários, contratando vários partidários econgêneres (sempre obrigados a dar o "dízimo" ao partido), seria usada para financiar esquemas de corrupção no Congresso Nacional, se envolveria em grandes esquemas de fraudes em licitações etc. Assim, por mais que eu julgue que a privatização dela foi errada, foi feita de maneira errada, eu, com base no "mal menor", ainda prefiro que ela continue como está.

Por André Aparecido Alflen em 04/11/2007

Transitório

Governos não ficam para sempre no poder. Prefiro que fique nas mãos da nação e de quem o povo elegeudemocraticamente do que na iniciativa privada, sendo que a maioria dos acionistas são estrangeiros.

VendadaVale

Para que qualquer relação ou negócio jurídico seja válido, deve haver a necessária boa-fé. Sem a necessária boa-fé nas relações e negócios jurídicos todos os atos em sim, e deles decorrentes, conforme é a lei, são nulos de pleno direito. Ao analisarmos a vendadavale, devemos inicialmente observar que existem interesses e razões de forte motivação para tanto. Dizer-se que o Estado não tinha capacidadede gerir uma empresa do potencial daVale, seria uma mediocridade tamanha que qualquer pessoa com o mínimo de bom senso, saberia que a Vale somente se desenvolveu, sob a égide administrativa do Estado Brasileiro. Logo, inevitável desprezar esse frágil e infundado argumento. Ocorre que, constatamos a ausência da necessária boa-fé, no momento que, sabendo dos interesses na desestatização daVale, que avaliada se estimava a proporção de mais de R$ 90.000.000,00 (noventa bilhões de reais), foi vendida por aproximadamente R$ 3.300.000,00 (três bilhões e trezentos milhões de reais). Vemos que a privatização efetivada pelo Governo Federal, sob a administração irresponsável do ex-presidente Fernando Henrique Cardoso, foi feita por preço muitas vezes inferior àquele estimado. Isto comprova a ausência de boa-fé na vendadaVale. Ora, se o patrimônio é público, deveria ter sido velado e guardado pela gestão FHC (e seus comparsas), como se seu o fosse. Mas, infelizmente não foi isso que ocorreu, muito estranhamente. Prova disso, foram os discursos inflamados de Ministros e Porta-vozes do Governo, que quer queira quer não, "a privatização sairia de uma forma ou de outra", "que os advogados do governo estariam se encarregando e dando conta das liminares em efeito cascata", etc... Bem, entendo que a privatização e o posterior enxugamento dos quadros funcionais (empregos), sucedeu um vácuo social no mercado de trabalho, donde, os empregos criados na gestão privada, são terceirizados, com salários ínfimos dotados de precário poder de compra, instáveis e de conturbadas contribuições trabalhistas.

Acredito que a Vale possa ser reestatizada, entretanto, somente com ação popular maciça e intensa. Contudo, em razão do baixíssimo grau intelectivo da nação, essa hipótese fica praticamente invalidada. Sou advogado e se fosse consultado oficial ou extraoficialmente, me manifestaria favoravelmente à reestatização da Companhia Vale do Rio Doce, o maior patrimônio público do povo brasileiro, doado graciosamente pelo IRRESPONSÁVEL DESgoverno Federal "administrado" por Fernando Henrique Cardoso, doutor "honoris causa" das mazelas sociais. Por Alexandre Henrique Fonseca.

Plebiscito Vale

Minha pergunta é: o que se planeja fazer com a Vale caso ela seja reestatizada? Continuo achando que uma reestatização não vai beneficiar em nada o povo, e só vai servir para inundar caixas departidos de esquerda e decentro(no governo atual) e, talvez, de direita (num outro governo), vai servir para estruturar esquemas de corrupção, vai servir para beneficiar grandes empresas em licitações fraudulentas e não vai mudar em nada a vida do povo brasileiro e dos trabalhadores da empresa.

Por Chico em 18/10/2007

A exploração direta de atividade econômica pelo Estado só será permitida quando necessária aos imperativos da segurança nacional ou a relevante interesse coletivo, conforme definidos em lei. A ordem econômica está fundada na livre iniciativa (Título VII, Da Ordem Econômica e Financeira, CF). O Estado deve se colocar como agente normativo e regulador da atividade econômica, exercendo as funções de fiscalização, incentivo e planejamento, sendo este indicativo para o setor privado (É a Constituição que diz) Não podemos tolerar que Partidos se coloquem acima da ordem constitucional estabelecida. A concentração de atividades econômicas na mão do Estado não mostrou resultados que assegurassem a todos a existência digna nem a tão almejada justiça social. Prefiro as imperfeições da atual Ordem Econômica pautada na propriedade privada e livre concorrência (Art. 170, CF).
Diante disso qual o motivo para reestatizar a Vale? O Estado brasileiro tem sido mas eficiente do que a iniciativa privada para gerar riqueza e distribuir renda? Gostaria de números palpáveis e não apenas discurso ideológico.

Sou Engenheiro, trabalhei na Vale do Rio Doce até 2005.

Por Paulo Magalhães (11/11/2007)

A questão é um pouco mais complexa, existe uma infinidadede minerais que estão sendo retirados de Carajás que ninguém imagina. Só quem já esteve lá nos anos 80,

pode testemunhar o que existe de ouro,cobre,prata, entre outros. Quem ouviu falar do quanto destes minérios saíram de lá. Gente, o minério de ferro é só uma cortina que esconde um grande absurdo que está acontecendo do mesmo jeito do Brasil-colônia. Aí vem um metido a informado me falar de números que cresceram depois da privatização: ou tu não sabe da missa nem a metade, ou este teu comentário é tendencioso. Quanto a corrupção, existem mecanismos eficientes, que se implantados, reterá nosso minério para seja industrializado aqui no Brasil. Posso garantir, como guarda-florestal que fui, trabalhei numa área chamada Salobo que é aurífera e também em outra chamada Bahia (onde se explorava bastante ouro), entre outras. Posso garantir,estão levando o nosso ouro como no passado. E "eles" querem também o ouro de Serra Pelada, de Roraima, enfim de todo o Brasil.
Por Rizel 12/11/2007

Osnovos administradores serraram esse cabide. Com toda a sua eficiência, a Vale não fugiu ao destino das estatais no capítulo da influência exercida pelos políticos. Os ex-presidentes Itamar Franco e José Sarney empregavam afilhados na companhia. Outros políticos que a usavam eram os ex-governadores Epitácio Cafeteira, do Maranhão, Jader Barbalho, do Pará, e Newton Cardoso, de Minas Gerais. Entram nessa lista o ex-vice-presidente Aureliano Chaves e um grupo de quarenta deputados e vinte senadores.

As estatais brasileiras foram consumidas por três vírus que atacam em conjunto, ou em quadrilha: politicagem, corrupção e descaso. A Companhia Siderúrgica Nacional, a histórica empresa criada em 1.941 em Volta Redonda, no Rio de Janeiro, tinha o hábito de deixar dinheiro parado em contas correntes abertas em pequenos bancos no final dos anos 80, o que configura um pecado capital em tempos de alta inflação como aqueles.

Por Félix Maier em 03 de novembro de 2006.

Luciano Pires (Administrador)07/09/2010

Em 1997 a batida seca de um martelo de leilão foi abafada por batidas nas costas de manifestantes do movimento social contra uma das maiores fraudes do século XX e pela omissão da nossa conveniente imprensa. A venda, quase doação, da nossa Companhia Vale do Rio Doce se constituiu na maior transferência de dinheiro público do poder.

O Banco Bradesco foi o escolhido para modelar a privatização da Vale o que lhe impediria legalmente de participar da compra de suas ações. Entretanto, o Banco Bradesco não só participou do leilão como é hoje o maior sócio privado da Vale.

Em 1995 a Vale declarou à Bolsa de Nova York que suas reservas de minério de ferro eram de 12,8 bilhões de toneladas e no dia do leilão, a informação registrada foi de 2,8 bilhões. A malha ferroviária e dois portos foram "esquecidos" nos cálculos do valor da Vale. Grandes reservas de nióbio e titânio (mineral indispensáveis à indústria aeronáutica e aeroespacial), além de fosfato, cassiterita e estanho, foram misteriosamente omitidas nos cálculos do preço de venda. A empresa lucrativa em visível ascensão, o principal motivo alegado à época pelo governo FHC para privatizar a Vale foi o de reduzir nossa dívida externa. No entanto, o que depois ocorreu, pelo contrário, foi um substancial aumento das nossas dívidas. Cercado de poderosas influências e pressões contrárias em cima do STJ, tramitam na justiça 107 ações que questionam a legalidade do leilão. Eis o motivo de se querer a Vale de volta, busca-la no Congresso, na justiça, e ou, nas ruas.

Já que os apelos sociais não foram atendidos, e o peso da injustiça ficou em ônus e título de uma crescente desigualdade social, ao menos justiça caberia, conforme frisa Palmério Doria em seu livro O "Príncipe da Privataria" onde deixa um contundente questionamento acerca do referido governo. **Palmério: "POR QUE FHC NÃO ESTÁ PRESO?"**

Eduardo Graff (Cientista político. Foi secretário-geral da Presidência da República no governo FHC. (07/09/2010)

Recorde de investimento: US$ 44,6 bilhões nos últimos seis anos contra US$ 24 bilhões nos 54 anos anteriores. Recorde de produção: 300 milhões de toneladas de minério de ferro neste ano (2010) contra a média anual de 35 milhões da Vale estatal. Recorde de emprego: 56 mil empregos diretos hoje contra 11 mil há dez anos. Recorde de exportações: quase US$ 10 bilhões em 2006 contra US$ 3 bilhões em 1997, garantindo mais de um quarto do saldo da balança comercial "deste país".
A quem pertence a Vale privatizada? Aos funcionários e aposentados do Banco do Brasil, principalmente, por intermédio de seu fundo de pensão. Com o BNDES, eles detém dois terços do capital da Vale. O restante se distribui entre o Bradesco, a "trading" japonesa Mitsui e mais de 500 mil brasileiros que aplicaram parte do FGTS em ações da companhia.
O padrão de gestão da Vale é privado. A propriedade, como se vê, nem tanto. Depois de privatizada, a empresa recolheu aos cofres da União, em impostos e dividendos, algumas vezes mais do que fez ao longo de toda a sua existência como estatal.

Adriano Benayon (Artigo: Quem controla a Vale?)

Anular a "privatização" de estatais como a Vale do Rio Doce (CVRD) não é apenas indispensável à segurança nacional. Exige-o a honra do País, pois estão cientes da vergonha que é essa alienação todos que a examinaram sem vendas nos olhos postas por egoísmo, ignorância ou submissão   ideológica.
A negociata causou lesões impressionantes ao patrimônio nacional e ao Direito. Mas políticos repetem desculpas desinformadas ou desonestas deste tipo:

1) houve leilão, e o maior lance ganhou; 2) o contrato tem de ser respeitado;

3) o questionamento afasta investimentos estrangeiros. Na "ordem" financeira mundial há hierarquia, e o leilão foi de cartas marcadas. Levaria a CVRD quem "atraísse" os fundos de pensão das estatais, através do Executivo federal e da corrupção.

Senador José Eduardo Dutra

Em 1996, ao defender a CVRD do processo de rapinagem a que foi submetida no processo de privatização imposto, veja como o senador Dutra defende a empresa:

A CVRD é maior empresa de minério de ferro do mundo, com mais de 23% do mercado internacional deste produto; também é a maior produtora de ouro da América Latina. Estima-se que no ano 2000 sua produção aurífera será uma das cinco maiores do mundo. Ademais também, o Brasil passará, em breve, da condição de importador de alumina a exportador do minério.

O senador afirma também que (...) A etapa final deste sistema (portos e empresas de navegação) também é dominada pela Vale, responsável por 40% da movimentação portuária brasileira.

O Direito de Lavra, neste contexto, é princípio basilar para a soberania nacional. O Brasil segue a prática internacional de manter a concessão de exploração até que se esgote a jazida. As reservas de Carajás, para ilustrar, somam 18 bilhões de toneladas. De lá são extraídos 42,5 milhões de toneladas por ano. Se mantiver este ritmo, a reserva poderá até o ano de 2418, século XXV, mais de 400 anos de exploração.

Ademais, cumpre observar que a Vale é concessionária de jazidas e recursos minerais que não lhe pertencem, mas a União, nos termos dos artigos 20, inciso IX, e 176, caput da Constituição Federal.

Edson Lobão, Ministro das Minas e Energias:

> A Vale "de algum modo" continua sendo brasileira, já que, apesar de o comando da empresa ser privado, segundo ele, mais de 40% das ações da empresa estão nas mãos de fundos de pensão e da Caixa Econômica Federal e outros 12% do BNDES (Banco Nacional de Econômico e Social). (Folha Online, 04/2008)

Falou bem, "sendo brasileira", sem pertencer ao povo brasileiro, de quem foi expropriada. É brasileira mas não é pública. A Bradespar e a Previ são particulares e não públicas. E as demais empresas detentoras da maioria das ações da Vale, o que dizer?

VALE DO RIO DOCE: A PRIVATIZAÇÃO FOI BENÉFICA PARA O BRASILEMPRESARIAL

por Félix Maier em 03 de novembro de 2006

Antes das privatizações, um telefone fixo custava, em média, o equivalente a R$ 6 mil no Rio de Janeiro. Na Ilha do Governador custava R$ 13 mil, na Barra da Tijuca, R$ 15 mil. Como funcionava isso? Você pagava um carnê da Telerj, p. ex., em 24 prestações e depois ainda tinha que esperar anos, anos e anos para que instalassem a linha. Em Brasília, no Plano Piloto, no início de 1992, eu comprei uma linha equivalente, hoje, a R$ 2 mil.

Depois das privatizações, você não paga mais pelo uso da linha, tanto no telefone fixo, quanto no celular. No fixo, hoje, você paga apenas a taxa de instalação, não mais a linha em si. Em ambos os sistemas - fixo e celular - você paga pelo que consome (no fixo existe uma taxa mínima, com o título de serviços mensais); (isto, considerando a privatização como um processo de jogo limpo). No Brasil pós-privatização, todos os brasileiros têm condições de comprar um telefone, mesmo uma empregada doméstica, um faxineiro e até um desempregado que faz bicos. É incalculável o benefício que o celular trouxe para milhões de brasileiros, profissionais liberais ou autônomos, que podem distribuir cartões com seu celular, para angariar uma infinidade de novos clientes. Tudo graças à entrada de capital nacional e estrangeiro que acarretou a criação de inúmeras empresas de telefonia. Ou seja, tudo isso é benefício trazido pela privatização das telecomunicações.

Com a Embraer, ocorreu o mesmo. De uma empresa quase falida, depois da privatização triplicou o número de funcionários e é, hoje, um dos carros-chefes das exportações brasileiras. Atualmente, a Embraer é uma multinacional próspera, está criando plantas industriais na China e no Sudeste asiático.

E com a Vale do Rio Doce, o que aconteceu? A última edição da revista Veja (1º/11/2006) traz números que só provam que as privatizações foram benéficas para o País, não maléficas, como os embusteiros petistas apresentaram durante a campanha presidencial.

"A Vale, criada em 1942, constituía uma exceção à ineficiência reinante nas estatais. Desde 1974 era a maior exportadora de minério de ferro do mundo. Mas o Estado funcionava como um freio que impedia seu pleno desenvolvimento. A companhia era competitiva internacionalmente. No Brasil, entretanto, submetia-se aos órgãos de controle de preço do governo. E, a partir de 1979, quando foi criada a Secretaria de Controle de Empresas Estatais (Sest), perdeu completamente a autonomia. Não podia gastar, ainda que fosse para gerar mais receita. Estava, portanto, condenada ao sucateamento, num processo estimulado também por focos de ineficiência típicos de empresas estatais. Os processos de licitação eram burocratizados, havia restrições à contratação de pessoal e limites a reajustes salariais, sem falar na nefasta ingerência política na nomeação de diretores. Hoje a companhia tem uma política de incentivos que permite a contratação de profissionais de primeira linha, o que contribui para aumentar sua eficiência. A privatização deu à Vale liberdade de gestão, e isso é o que está por trás do desempenho atual, resume Tito Martins, diretor de Assuntos Corporativos da empresa" (Revista Veja, pág. 88 e 89).

"Um outro estudo, de 1996, feito pelo BNDES pelo economista Armando Castelar, mostra que, no conjunto de 46 empresas privatizadas entre 1981 e 1994, o faturamento cresceu 27%, as vendas por funcionários subiram 83%, o patrimônio triplicou e o investimento quadruplicou" (Veja, pg. 89). Por Jamildo Melo. O contraditório é que, frente a esses números que revelam otimismo - esconde-se a assombrosa concentração de renda (lucros) em poder de bancos, empresas privadas, acionistas estrangeiros e "mãos ocultas" de políticos entreguistas que faturaram(-ram) alto com a "jogatina esquematológica" que envolve os bens da nação e seu destino. (por Motta).
No artigo da Revista Veja, pg. 88 a 89, lê-se que "A privatização

foi decisiva para o crescimento da Vale do Rio Doce, que, com a compra da **Inco** (por US$ 13,3 bilhões), se tornou a segunda maior mineradora do mundo" (pág. 88).

Interesses Escusos e Saqueamento

Para Curió, interesses econômicos de empresas privadas pairavam sobre Serra Pelada até mesmo com falsos alvarás. No documentário **"As imagens e a história de Serra Pelada 1976-2006"**, o repórter o questiona sobre "Quais seriam os grandes interesses econômicos em Serra Pelada?"

> Curió: "Muito ouro! A Serra tem uma potencialidade de 500 toneladas de ouro a céu aberto. Os garimpeiros atingiram agora uma laje, que eles chamam de laje de ouro, um cascalho altamente mineralizado (concentrado de ouro). E, as Companhias que se dizem detentoras de alvarás, que na realidade não possuem esses alvarás, querem retirar os garimpeiros para retirar o ouro.   Essa é a briga em Serra Pelada, a luta pelo ouro. Os garimpeiros são os desbravadores, são os pioneiros eles descobrem, depois as firmas de mineração conseguem os alvarás e ocupam os lugares".

Em relação a Carajás, o geólogo que descobridor, Breno Augusto dos Santos, no meio da mata virgem em 1967 e que vê hoje a mina transformada numa ilha de excelência cercada por terra arrasada, está desolado.

"Aqui desmata tudo. Beira de rio, crista de montanha. Tudo. Quer dizer, é uma ocupação desordenada. É um saque que esta sendo feito na região. Podia ter fazendeiro, podia ter o pequeno proprietário, desde que tivesse havido políticas, desde o governo militar até hoje, que tivesse feito uma ocupação planejada. Aqui não, a ocupação é na base do faroeste. Quer dizer é o mais forte, o mais poderoso, fica com a terra".

http://economia.ig.com.br/. Parauapebas ao lado da mina de Carajás, cidade sofre com ocupação desordenada, 19/05/2010.

Mentiras e Verdades sobre a Vale Privada

Por:CMI,www.midiaindependente.org (01/2010)

Segundo o CMI - Centro de Mídiaindependente - (28/01/2010), O argumento de que a Vale cresceu exponencialmente após sua privatização é falso. O que ocorreu foi uma concentração de mercado, financiada com capital público do BNDES, em uma empresa privada. (com o dinheiro da nação).

Diferente do que é anunciado pela imprensa de direita quando o assunto é a privatização da Vale, o crescimento da empresa após 1997 não se deve à excelência administrativa, mas sim a uma perversa concentração de mercado em uma empresa privada.

Indo aos fatos:

1. Quando a Vale foi privatizada (em um processo ilegal e fraudulento) existiam diversas empresas mineradoras de ferro no Brasil (Samarco, Samitri, Caemi, Feterco. Estas empresas não existem mais. Foram agregadas.
2. A produção da Vale, assim como o número de funcionários e faturamento cresceu com a aquisição destas empresas, e não com aumentos de eficiência. Esta s aquisições geraram milhares de demissões;
3. A aquisição de mineradoras pela Vale, dentro de fora do Brasil, se deu com o dinheiro dos brasileiros via BNDES. Todos nós financiamo a criação de um monopólio privado;
4. A "excelência administrativa" da Vale ficou evidente com as demissões em massa em 2008 e 2009, devido à crise econômica mundial. Por causa do monopólio, os demitidos ficam fora do mercado de trabalho, sem alternativas na busca de novos empregos e torcendo para serem recontratados (com salários mais baixos, ou como terceirizados, em condições cada vez mais precárias).
5. Ou seja, alguém usa dinheiro público para montar um monopólio privado. Talvez isto tenha alguma relação com as vultosas contribuições da Vale (privada) para campanhas eleitorais de todos os partidos.

Números da Vale (Revista Veja):

Vendas de minério de ferro e pelotas (em milhões de toneladas):

1997: 100 (milhões de toneladas)
2005: 252,2 (milhões de toneladas)

Número de funcionários (diretos):

1997: 11.000
2005: 39.000

2008: 62 mil
2010: 120 mil funcionários espalhados pelo mundo.

Atualmente, mais da metade dos funcionários da Vale são terceirizados e 80% trabalham no Brasil.

Lucro líquido:

2005: 4,8 bilhões de dólares

2008:Segundo Folha de São Paulo (por Pedro Soares, 01/2009), nos nove primeiros meses do ano (2008), o faturamento chegou a R$ 54,8 bilhões.

> ❖ O acumulado ano(2008), de acordo com comunicado enviado pela companhia, foi de US$ 31,1 bilhões contra US$ 24,7 bilhões registrados no mesmo período de 2007.Fonte: http://gl.globo.com/Noticias/Economia_negocios/0,

Valor de mercado:

1997: 9 bilhões de dólares
Fonte: revista Veja, pg. 88 e 89)
2006: 77 bilhões de dólares
Valor da vale em 2009: R$ 286,036 bilhões.
O lucro da Vale subiu 556,8% de 2002 a 2006, alcançando R$ 13,4 bilhões. No mesmo período o lucro líquido da Petrobras cresceu 220,1% e chegou a R$ 25,9 bilhões.

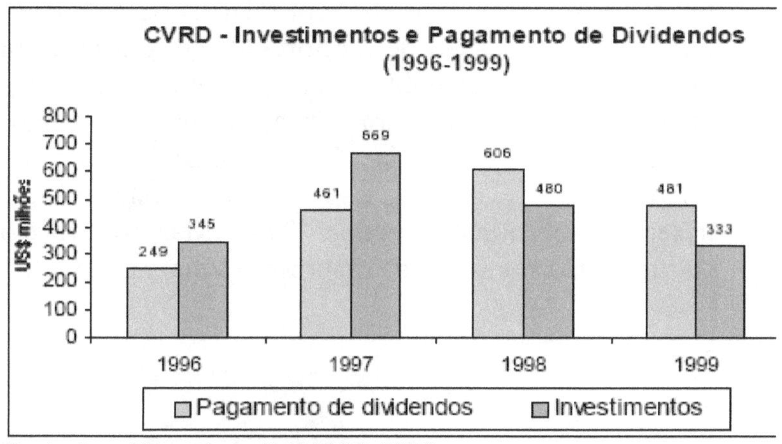

Fonte do gráfico acima: (LAMOSO, 2001)

Em 2009 a Vale ultrapassou Valor de mercado da Petrobras

Segundo a Agência de Estado (26/02/2009), as ações da Vale superam o valor de mercado da Petrobras. A Vale encerrou com valor de R$ 286,036 bilhões, enquanto a Petrobras somava R$ 285,333 bilhões. Em 19/08/2010, a Bovespa informou que a Vale estava valendo R$ 254,9 bilhões, e a Petrobras R$ 253,13 bilhões.

"A Vale, criada em 1942, constituía uma exceção à ineficiência reinante nas estatais. Desde 1974 era a maior exportadora de minério de ferro do mundo. Mas o Estado funcionava como um freio que impedia seu pleno desenvolvimento. A companhia era competitiva internacionalmente. No Brasil, entretanto, submetia-se aos órgãos de controle de preço do governo. E, a partir de 1979, quando foi criada a Secretaria de Controle de Empresas Estatais (Sest), perdeu completamente a autonomia. Não podia gastar, ainda que fosse para gerar mais receita. Estava, portanto, condenada ao sucateamento, num processo estimulado também porfocos de ineficiência típicos de empresas estatais. Os processos de licitação eram burocratizados, havia restrições à contratação de pessoal e limites a reajustes salariais, sem falar na nefasta ingerência política na nomeação de diretores. Hoje a companhia tem uma política de incentivos que permite a contratação de profissionais de primeira linha, o que contribui para aumentar sua eficiência. 'A privatização deu à Vale liberdade de gestão, e isso é o que está por trás do desempenho atual', resume Tito Martins, diretor de Assuntos Corporativos da empresa" (Veja, pg. 88 e 89).

FIGURAS IMPORTANTES QUE VISITARAM CARAJÁS

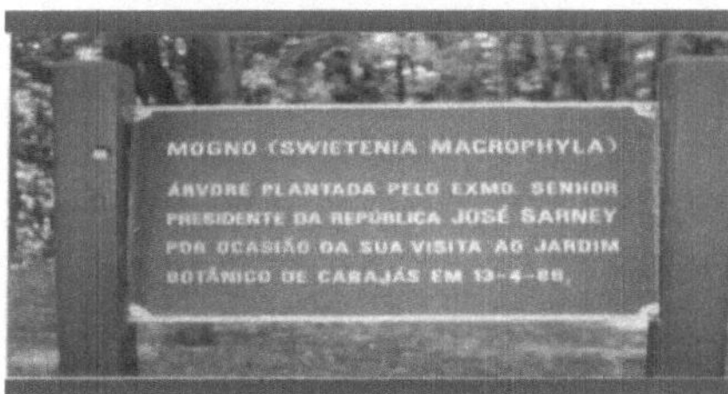

Mogno – árvore plantada pelo Exmo. Senhor presidente José Sarney em 13 de abril de 1986

Castanha do Pará – árvore plantada por suas Altezas Reais príncipe Charles e a princesa Diana em 23 de abril de 1991

Mogno – árvore plantada pelo Exmo. Senhor presidente Fernando Henrique Cardoso em 31 de março de 1996 (um ano antes da privatização)

Árvore plantada pelo Exmo. Sr. Presidente da nação argentina Raul Alfonsín em 9 de dezembro de 1986.

Andiroba – árvore plantada pelo Sr. Chang Oh Kang, presidente da Posco-Siderúrgica coreana.
Em 04 de junho de 2003.

Jatobá – árvore plantada pelo Sr. Roger Agneli – atual presidente da Vale em 07 de abril de 2001.

Tatajuba- árvore plantada pelo Sr. Liming Chairman doGrupo Baosteel e presidente da Baoshan Iron Steel Corporation em 30 de novembro de 1993.

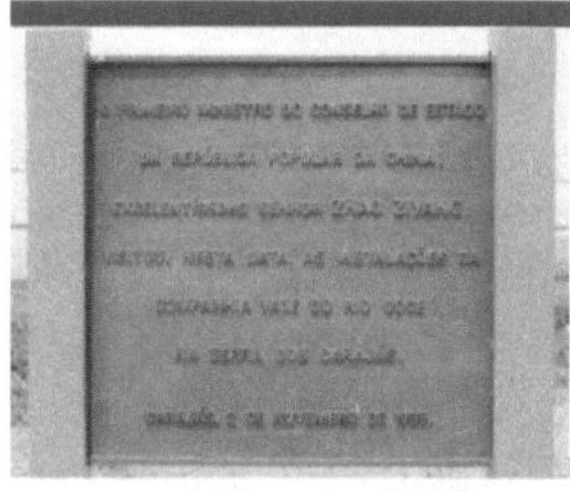

Primeiro Ministro do Conselho de Estado da República Popular da China, ExmoSr. Zhao Ziyang em 02/011/ 1985.

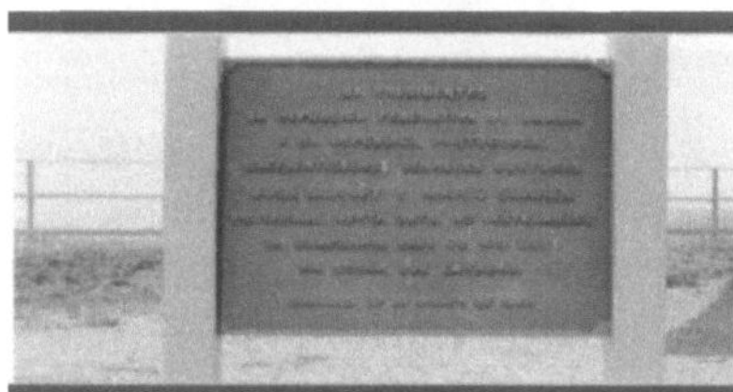

Os presidentes da República Federativa do Brasil. E da República Portuguesa: José Sarneye Mario Soares em 27 de março de1987.

Na última semana de julho de 2009, o presidente de Moçambique Guebuza também esteve em Carajás e plantou uma Castanheita na ala presidencial do Parque Zoobotânico.

2.1 A IMPLANTAÇÃO DOS GRANDES PROJETOS MINERAIS*[1]

A Amazônia é muito rica em minérios. Pesquisas feitas na região revelam a existência de grande quantidade de ferro, ouro, níquel, cobre, bauxita, estanho e outros minerais.

A abundância desses recursos despertou o interesse de empresas estrangeiras, sobretudo as de origem européia, norte-americana e japonesa, e também empresas nacionais. Assim, foram criadas as condições necessárias para a implantação de grandes projetos mineradores na região, tais como: a construção de portos, rede de transporte, hidrelétrica e núcleos urbanos. Toda a infra-estrutura que estes projetos exigem para o seu funcionamento.

Projeto Manganês - O primeiro grande projeto implantado na Amazônia foi o **Projeto Manganês,** localizado na Serra do Navio, no Amapá. Essa reserva, considerada por muito tempo a maior reserva mundial de manganês (mineral importante na fabricação do aço), começou a ser explorada na década de 1950 e hoje está depositado como reserva, esperando o momento adequado para ser utilizado. **Programa Grande Carajás** – Grandioso empreendimento da Companhia Vale do Rio Doce, em associação com o capital japonês, localizado na Amazônia Oriental. Foi criado no final da década de 1970 com o objetivo de explorar minério em larga escala. Para tanto foram construídas algumas obras importantes, destacando-se:

---

[1]*Coleção Novo Curupira, Vol. Único, Normicilda et al. 2005, Editora Amazônica.

- **Construção da ferrovia Carajás - Itaqui**, que liga as jazidas de Carajás ao porto de Itaqui, no Maranhão, por onde o minério é exportado.
- Instalação da Companhia Siderúrgica do Pará – COSIPAR, que transforma o ferro em ferro gusa tendo o carvão vegetal como fonte de energia.
- Construção da Usina Hidrelétrica de Tucuruí, com objetivo de fornecer energia abundante e barata para as indústrias metalúrgicas do programa.
- Criação de Núcleos Urbanos Planejados (Company Tows), dotados de completa infraestrutura, para atender aos trabalhadores das empresas responsáveis pelos projetos.

Fazem parte do Programa Grande Carajás: O Projeto Ferro Carajás, o Projeto Trombetas e Projetos de Alumínios (Albras, Alunorte, e Alumar) e o recém-inaugurado Projeto Sossego (em 2004), considerada a maior mina de cobre do país.

- **Projeto Ferro Carajás** - Localizado na Serra dos Carajás, município de Parauapebas, leste do Pará, uma importante área de concentração de minérios, talvez a maior do mundo. Esse projeto tem como objetivo a extração de ferro e manganês, que são levados até o - Maranhão pela ferrovia Carajás-Itaqui, de onde são exportados para os Estados Unidos, Europa e Japão.

***Núcleo Carajás** – A cidade-abrigo de funcionários antigos e de alta patente da CVRD. A 25 quilômetros da portaria da Floresta Nacional de Carajás, que dá acesso às minas de ferro e por onde só se passa com autorização e rígido controle, é um verdadeiro "espaço" de Primeiro Mundo no meio da Amazônia, com clube poli esportivo, restaurantes refinados, lojas e cinemas onde é possível assistir aos mais recentes lançamentos do mercado. No vilarejo de 5 mil moradores, as 1.274 casas não têm muro e foram construídas segundo o mesmo padrão arquitetônico, à semelhança de um subúrbio norte-americano.*

CLUBE SERRA NORTE

Projeto Trombetas – Funciona articulado ao projeto de alumínio. Localiza-se no vale do rio Trombetas, Estado do Pará, onde estão as maiores reservas de bauxitas do Brasil. A bauxita é matéria prima para a produção do alumínio.

- **A ALBRAS** – Alumínio Brasileiro S. A e a ALUNORTE –Alumínio do Norte transformaram a bauxita extraída pelo projeto Trombetas em alumina e alumínio. A produção é exportada pelo porto de Vila do Conde, em Barcarena – Pará.
- **Projeto Sossego** – Destina-se à extração e transformação do minério de cobre da mina do Sossego em concentrado de cobre. Este projeto está localizado em Canaã dos Carajás, no Pará e é o primeiro empreendimento da Companhia Vale do Rio Doce no setor de cobre.

Sossego é um projeto extremamente competitivo em função do baixo investimento necessário, US$ 2.553 por tonelada, bastante inferior à média da indústria, que é de US$ 3.800 por tonelada. A entrada em operação do projeto Sossego, em 2004, fomentou outros projetos, como o 118 e Cristalino, localizados na região sul de Carajás.

Maior Mineradora de ferro do mundo, a Vale do Rio Doce abre as primeiras grandes minas de cobre no Brasil

Ronaldo Freitas

Não fosse o trem que já corria ali do lado transportando minério de ferro, as jazidas de cobre ficariam para sempre debaixo do solo amazônico. O tesouro em cobre, com potencial para render US$ 1 bilhão por ano, começará a ser extraído no primeiro trimestre do ano que vem. O complexo tem cinco minas na região de Carajás, no sudoeste do Pará. A primeira a entrar em operação chama-se Sossego e deve fornecer matéria-prima de boa qualidade pelos próximos 20 anos. O projeto, que marca a entrada da Vale do Rio Doce no mercado internacional de cobre, é uma das alavancas para colocar a companhia brasileira entre as três maiores mineradoras do planeta. Ela já é a maior do mundo em minério de ferro, mas no ranking das empresas de mineração ocupa o quinto lugar.

A mais nova incursão da Vale do Rio Doce na Amazônia é uma sequência da grande aventura em que a empresa se lançou nos anos 80. Naquela época, para extrair minério de ferro - na mesma região-, a mineradora construiu uma ferrovia de 892 quilômetros ligando suas minas no Pará ao litoral do Maranhão e implantou uma cidade no meio da selva, a Vila de Carajás. Ali a mineradora construiu 1.300 casas, um hospital equipado para a realização de pequenas cirurgias, um clube e um cine teatro em plena floresta. Desta vez, a Vale vai investir em infraestrutura numa cidadezinha que já existe, Canaã dos Carajás. O lugar tem 23 mil habitantes, nasceu como um assentamento de sem-terra demarcado no início dos anos 80 e tem uma economia pobre, baseada nas lavouras de milho, arroz e feijão.

A exploração do cobre coloca a Vale do Rio Doce dentro de um negócio rentável no ramo da mineração. O consumo do produto está crescendo no mundo, principalmente em razão dos motorzinhos que acionam equipamentos elétricos de carros e da construção civil. No Brasil, quase todo cobre é importado. Estimativas da empresa apontam que a partir de 2008 haverá um déficit mundial de aproximadamente um milhão de toneladas a cada ano, o que tenderá a elevar a cotação do minério.

Mesmo assim, o investimento só é economicamente compensador porque a Vale já tinha ferrovia para transportar o cobre de um e um porto no Maranhão para exportá-lo. " O investimento só é rentável pela existência da infraestrutura de Carajás", diz Fábio Barbosa, diretor financeiro da companhia. "Não fosse a estrutura já criada para o ferro, a exploração do cobre seria inviável pelo alto custode transporte", afirma o geólogo Márcio Godoy, também da Vale. Antes de alcançar seu projeto, a Vale precisou contornar outro obstáculo, de caráter societário. A mina Sossego, a primeira a entrar em operação, era uma propriedade Multinacional. Além da Vale, eram donos os americanos da Phelps Dodge e os sul-africanos da Anglo American. "Eles sentaram em cima do projeto, não tinham interesse em investir", conta Roger Agnelli, presidente da mineradora brasileira. Dois anos e meio atrás, a Vale pagou U$S 42,5 milhões pelas participações de seus sócios e deu a partida num investimento que nas cinco minas da região chegará a U$S 2 bilhões até 2008. A Vale, atualmente é responsável por 25% de tudo que se investe no mundo na exploração de cobre.

O produto de Carajás terá o mesmo destino do ferro: o Porto de São Luís e, de lá, o Exterior. São 892 quilômetros de distância percorridos todo dia, 24 horas por dia, por uma frota de 4.926 vagões e 90 locomotivas de última geração – tudo frota própria da mineradora brasileira. Ao longo dos trilhos, há sensores que medem o desgaste das peças, permitindo a manutenção preventiva dos carros. Todo tráfego de trens é monitorado por satélite a partir do centro de controle de operações, em São Luís. Equipadas com computador de bordo, as locomotivas recebem mensagens on-line dos controladores. Os maquinistas sabem com precisão onde estarão os trens mais próximos e em que pátio terão de parar para aguardar a passagem de outra composição.

Os trens de passageiros têm prioridade. Partem de São Luís a Parauapebas em dias alternados, deixando de circular somente às quartas-feiras para manutenção. Transportam 1.200 pessoas por mês. A maioria gente simples, como a lavradora Maria Odete Costa, de 56 anos, que mora em Santa Inês, Maranhão, e faz tratamento de saúde na capital, São Luís.

A cada 15 dias, ela desembolsa R$ 13 para ir ao médico e voltar para casa. Se fizesse a viagem de ônibus, gastaria R$ 44. "Desde que essa linha foi inaugurada, em 1985, eu só vou a São Luís de trem", diz.   No auge das chuvas, fevereiro e março, a estrada de ferro torna-se a maneira mais segura - às vezes a única – de cruzar o noroeste do Maranhão por causa do alagamento das estradas da região.

Até o começo do ano, as mulheres estavam confinadas aos vagões. Mas, há três meses, a maranhense Tereza Rio Branco Tornou-se a primeira mulher do país a assumir o comando das locomotivas de trens de passageiros.   Aos 38 anos, mãe de duas filhas de dois casamentos desfeitos, Tereza alcançou o posto mais alto da trajetória que começou nas oficinas da estação ferroviária. Há mais de 20 anos de mecânica na antiga Escola Técnica Federal, em São Luís, ela   conseguiu o primeiro emprego na Vale. Como não havia vestiário feminino no local, ela contava com a ajuda de colegas que vigiavam a porta do masculino para que Tereza pudesse usá-lo. "Hoje, nosso banheiro tem mais espelhos do que o dos homens", compara. Quando a província mineral de Carajás foi descoberta, em Marabá, em 1967, o município tinha 2 mil habitantes. A construção da estrada de ferro e do núcleo urbano que se ergueu em volta das minas deu origem a Parauapebas, emancipado há 15 anos. Canaã dos Carajás segue a mesma trilha: vai ganhar novos moradores, escolas, hospital e lazer. No começo do século XXI, o país assiste à mais nova aventura brasileira na Amazônia.

REVISTA ÉPOCA, 8 de SETEMBRO, 2003

O Projeto Carajás, apesar do tempo de exploração que apresenta, atualmente encontra-se em contínua extensão em sua infraestrutura, aumentando deste modo, o potencial de exploração mineral.

Com a extensão desta e outras minas que faltam abrir na região, assim como o Salobo, Serra Sul, Paulo Afonso, a previsão é um crescente aumento na população local (em especial Sul do Pará)- movido pelo emprego e desenvolvimento que a região oferece.

Histórico do Projeto Salobo

A grande reserva de cobre do Salobo não é conhecida apenas de hoje. Em 1984, quando prédios públicos foram destruídos por cerca de 2.000 garimpeiros que ameaçavam invadir Carajás, o projeto estava em fase de prospecção e mapeamento.

Uma invasão estava sendo esperada para qualquer momento, no dia em que a ordem de fogo foi gritada pela primeira vez, em Salobo.

Apesar de certa tensão, os homens que vivem isolados no meio da selva, nesse lugar distante 80 quilômetros de Carajás, no Pará, estavam eufóricos. Dia e noite, durante meses, haviam trabalhado na abertura de uma galeria que por fim atingira a rocha. Daí para diante só á dinamite. E naquele dia de pouco tempo atrás, determinava-se a primeira explosão. Fogo! A verdadeira importância disso, e motivo de tanta alegria, é que na rocha está o cobre. E o cobre de Salobo poderá, daqui a seis anos, livrar o país de uma dependência que agrava em 300 milhões de dólares, anualmente, nossa balança comercial. É o nosso maior item de importação de minerais, depois do petróleo. Só em Salobo, sem contar duas outras jazidas próximas, ainda em fase de pesquisa, há 1,2 bilhões de toneladas de cobre. No terceiro ou quarto anos de exploração, prevista para iniciar-se em 1992, Salobo deverá produzir 300.000 toneladas de minério de cobre por ano. Mantendo esse ritmo, continuará produzindo durante os 60 anos seguintes. Um verdadeiro tesouro, muito maior na imaginação dos garimpeiros que assediam a área. Eles pensam que é tudo ouro.
Vinte dias antes do primeiro fogo, um grupo de garimpeiros chegou a 50 metros da usina-piloto que processa o minério de cobre – bastante perto da galeria onde

haveria as detonações. '' Mas quando ali chegaram, já estavam bastante cansados'', diz um dos técnicos do lugar. "Conseguimos convencê-los a sair, na base do bate-papo". Para ''furar'' (na linguagem dos garimpeiros) até Saloba, os homens chegam pelas margens do Rio Parauapebas e cortam a mata, numa caminhada de 8 dias.'' O pessoal associa Salobo a ouro. Corre que aqui existe dez vezes mais ouro do que em Serra Pelada. É a fama deste lugar e nós pagarmos por ela'', reclama o técnico. E o engenheiro Fernando Rizzato, o coordenador do projeto de cobre em Carajás, declara-se "muito apreensivo": Se a invasão dos garimpeiros se consumar, nossas instruções são de abandonar a área. E isso pode acabar com o projeto".

Seria o improvável fim de uma epopéia que começou em maio de 1967, quando surgiram os primeiros indícios de cobre nessa área – uma das que compõem a fabulosa província mineral da Serra dos Carajás, situada 550 quilômetros ao sul de Belém, no Pará. Os geólogos da Docegeo, empresa de pesquisas da companhia Vale do Rio Doce, descobriram que o ferro da área cortada pelo igarapé Salobo continha muita magnetita; era, portanto, bastante magnético. E esse tipo de ferro aumenta as chances de junto ocorrerem minerais que sejam bons condutores elétricos, como o cobre. Isso animou o prosseguimento das pesquisas que, até 1980, tinham resultado em 27.000 metros de sondagens, 350 metros de galerias e a descoberta de três jazidas, próximas umas das outras: a chamada Bahia, ainda em fase de pesquisas; a pojuca, com 40% da área pesquisada, e resultados promissores; e Salobo, onde a partir de agosto de 1985 entra em operação uma usina-piloto, que beneficia 60 toneladas por dia de um concentrado com teor de 40% a 45%. É um teor bom, para um concentrado. Mas o teor do cobre propriamente dito não é considerado excepcional – na média, 0,8%. "É um teor baixo, mas se viabiliza pela quantidade de minério de cobre existente aqui, e também pelos minérios acessórios", avalia o engenheiro Fernando Rizzato. No concentrado obtido com a usinagem do minério (minério: a pedra que contém o mineral) acham-se além do cobre pequenas quantidades de magnetita molibdênio (valioso, usado em ligas de aços especiais), prata e ouro.

"Há 300 chupadeiras, bombas de sugar cascalho, em Curionópolis, esperando que as chuvas terminem de vez", contam pessoas que trabalham em Salobo, reproduzindo informações chegadas dessa cidade distante cerca de 100 quilômetros e próxima a Serra Pelada. "Os garimpeiros vão invadir tudo por aqui, assim que der". Dizem. No prédio da administração, a 80 quilômetros, o poderoso superintendente das Minas de Carajás, o engenheiro Mozart Kraemer Litwinski, confirma:

"Sabe-se que os garimpeiros estão-se preparando para uma invasão, agora no período de seca. Entidades de garimpeiros pressionaram muito para haver a liberação da área e assim poderem entrar no garimpo. E ameaçaram invadir, se isso não acontecesse (a liberação)". E Mozart tem também um número: "Os maiores beneficiados com uma invasão seriam os empresários que financiam 2.000 garimpeiros". Essas pessoas, naturalmente, não estão interessadas no ouro agregado ao cobre – que, no processo de extração mecânica, só é liberado na fase de metalurgia. Estão interessadas em ouro puro em suas bateias.

A galeria aberta em Saloba, que alcançou a rocha, é por hora um túnel com 80 metros de comprimento, uns 3,5 metros de largura e 3 de altura. Na primeira fase, enquanto só havia terra pela frente, abriram-se trincheiras a céu aberto, depois coberto com estruturas metálicas. De agora pra frente, a rocha já é "competente e segura", no dizer de Ezequias de Sousa Siqueira, encarregado de turma. Portanto, se é difícil avançar por ela – a base de explosivos – não são necessários escoramentos depois de aberto a galeria. Esta leva o nome técnico de "rampa de amostragem". Passa pelo meio da Jazida batizada 3-Alfa, irmã da 4-Alfa, ainda não atacada. A galeria terá 800 metros de extensão e um desnível de 100. Talvez até o fim do ano tenha sido integralmente aberta. O material extraído (o minério de cobre) será processado na usina piloto e testado nos altos-fornos da Caraíba Metais, em Camaçari, na Bahia – esse processo orientará um projeto básico (custos, quais equipamentos adequados, detalhe da mina, da usina etc.) que se espera ver concluído em julho de 1989. O caminho da prancheta para realidade – a implantação propriamente dita deverá começar a partir de 1990 e durar dois anos. Assim, pelas previsões oferecidas, em 1992 Salobo iniciará sua produção de 140.000 toneladas de minério de cobre; em 1993, produzirá 220.000; e em 1994 ou 1995 atingirá sua capacidade plena, de 300,000 toneladas por ano. Isso se antes as "chupadeiras" de Curionópolis não entrarem em ação.

A presença dos garimpeiros em Salobo é às vezes denunciada involuntariamente por seu melhor amigo. Um cão surge. É garimpeiro por perto. Em toda Carajás é proibido possuir qualquer tipo de animal, um cão, um gato, um passarinho (uma cobra, uma jaguatirica), dentro de um severo conceito de preservação ecológica. Os estranhos desconhecem estas normas. Muitas vezes é o próprio dono do cão quem se apresenta nos alojamento de Salobo, doente de malária, geralmente. Esses homens são levados para a vila, contam trabalhadores que os socorrem, tratados e libertados. "Só que depois de tudo voltaram a garimpar, no mesmo lugar estavam", reclamam os mesmos trabalhadores. Por fim, sobrevôos de helicóptero têm mostrado áreas da região do igarapé Salobo intensamente esburacadas. Falar em outro em Salobo (onde afinal o assunto é cobre) pode trazer sobressaltos. <u>É verdade que se estima em 4.5 toneladas apenas o ouro agregado ao cobre (contido em montanhas de minério)</u>, mas as pessoas que aqui trabalham têm um temor aceitável: quanto mais se falar em ouro, mais se atiçará o apetite dos garimpeiros. E como prova de que o ouro de Salobo é um delírio dos garimpeiros e seus financiadores, técnicos apresenta esta explicação oficial: "em fins de 1984, <u>a Docegeo convidou a Empreiteira Andrade Guitierrez para verificar o potencial do ouro no Igarapé Salobo.</u> A Gutierrez veio com balsa e maquinário, fez uma barragem para desviar o igarapé e operar, mas acabou trabalhando no vermelho e desistiu". Extra-oficialmente diz-se que a barragem contratada á empreiteira, foi feita para inundar o igarapé e impedir o trabalho dos garimpeiros.

Nos 80 metros abertos de galeria, até a rocha e ao cobre, é preciso trabalhar com precaução. O encarregado Ezequias (aquele que sabe apreciar a dignidade de uma boa rocha) comanda seus homens para operarem o "Jumbo". Este exótico veículo está dotado com martelos-perfuratrizes ligados a um compressor. Eles abrem 54 orifícios assinalados com branco, na rocha á sua frente; e outros tantos furos maçados por vermelho, na mesma rocha. Nos barcos é colocada a dinamite. Os outros ficam vazios. Quando o Jumbo sai, está tudo pronto, a ordem de fogo ecoa pela mata e vem a explosão – nesse momento os furos vazios cedem e facilitam o trabalho da dinamite, de desmontar a rocha. Vem uma pá carregadeira e tira o material. Assim Ezequias, 11 filhos, 13 netos, uma longa experiência com túneis em Belo Horizonte e outras paragens, vai abrindo caminho na rocha, com sua equipe, durante o dia; á noite, uma nova equipe assume o Jumbo. O minério de cobre reduzido a pó na usina piloto e depois levado a Caraíbas, na Bahia, será transformado em chapas e fios, numa fase experimental. O engenheiro de minas Geraldo da Silva Maia, um mineiro do ano passado e veio embrenhar-se na Amazônia, explica que Caraíbas tem capacidade para absorver todo o minério de cobre que se produzirá em Salobo e transformá-lo em cobre metálico. Mas este produto, revela agora o engenheiro Fernando

Rizzato, destina-se a suprir o mercado interno: "Não querendo competir com o mercado externo. O Chile (nosso fornecedor, assim como o Canadá), tem cobre de mais e pode controlar o preço à vontade". Empolgado com o potencial de salobo, Fernando diz que a Caraíba, abastecida também pela mina de Camapuã, no Rio Grande do Sul, "às vezes tem que importar concentrando de teor mais alto, para misturar com o seu, aumento o teor e assim conseguir quantidades produtivas". Com o teor se Salobo, assegura, isso não será necessário. E ainda de quebra vai o ouro.

Dinamite – O paiol de explosivos e a área de captação de água, em Salobo, são pontos vulneráveis, que preocupam as equipes locais. O número de guardas, armados , é muito pequeno. Insuficiente para um revezamento de 24 horas naqueles pontos e outros igualmente estratégicos. "Isso é muito perigoso", admite um engenheiro, que fala numa ampliação, já programada, da guarda. Os riscos de invasões, menores do que o esperado para o fim das águas são permanentes. No dia da primeira explosão da galeria, sentia-se como muito real a possibilidade de invasão. "Estamos sempre esperando que aconteça", alertavam funcionários categorizados. No prédio da administração, na vila de Carajás, o superintendente da minas Mozart Kraemer Litwinski coloca a questão assim: "Nós temos um sistema de segurança, mas é interno. Se a invasão se consumar a questão não será da Vale do Rio Doce, mas do Governo do Estado, da Policia Militar. O que se precisa é seguir o Código de Mineração do País: quem detém o alvará de pesquisa não pode ser invalido. Faz um plano de mineração recebe o decreto de lavra, tem que ter segurança". O superintendente tem casos para contar. "Nós descobrimos uma jazida de cromita, um mineral que serve para ligas de aço especiais, e do qual o Brasil é carente, perto da Serra Pelada. Mas por questões de segurança a Docegeo teve que parar as sondagens, porque os garimpeiros pensaram que era ouro e invadiram, começou a haver riscos de tiros..." Em outro ponto, a Vale do Rio Doce descobriu uma jazida de ouro economicamente viável: "Mas ela foi invadida e garimpada na superfície. Hoje custaria muito dinheiro reavaliá-la, ver se ainda á economicamente viável".

Um dado oficial diz que há 100 toneladas de ouro, já levantada, nas áreas de Carajás: Mozart Kraemer Litwinski admite a informação, mas prefere considerá-la "uma avaliação preliminar, que pode não estar correta". Revela que a Docegeo planeta continua a pesquisa de ocorrência de ouro em Carajás, mas ressalva: "Podemos deixar de descobrir grandes jazidas, por falta de segurança". Mozart é de opinião também de que "se houvesse um trabalho racional, com a exploração do ouro". Bem longe de seu agradável escritório, numa mesa rústica de um pobre restaurante de Serra Pelada, uma conversa com quem entende de garimpagem pode render esta informação: "Aquela parte do Salobo está de uma grande área que é posse do Rui Barbosa Mendonça, um ex-garimpeiro, hoje empresário. Ele já tem um povo contratado para garimpar ouro ali, e está só esperando as chuvas acabarem".

Terá Mendonça ouvido falar que o cobre de Salobo adocicará essa coisa chamada balança comercial? As previsões são de que nos primeiros 25 anos de produção plena o minério de cobre seja lavrado a céu aberto – o que simplifica o trabalho.

E nos 35 anos seguintes, por galerias subterrâneas. As atividades programadas para Salobo (incluindo cuidados ecológicos, por que o processo de beneficiamento envolve ácidos perigosos) certamente não seriam possíveis se esse minério de cobre todo não contasse com a infraestrutura de Carajás. Como mandá-lo dos confins amazônicos do Pará aos centros consumidores? A exploração do minério mais abundante de Carajás, o de terro, abriu para si um caminho de 890 quilômetros na direção do mar: uma ferrovia que desde o ano passado leva de uma só vez 100 vagões até o recém-inaugurado porto da Ponta da Madeira, em São Luis do Maranhão. O minério de cobre viajará (como já acontece) nesses vagões, às vezes na vizinhança de outra importante carga: o minério de manganês, que em Carajás oferece a concentração, considerada "grandiosa" pelos especiais locais, de 65,2 milhões de toneladas (na época).

Coquetel Mineral- A lista de números grandiosos é encabeçada pelo minério de ferro: 18 bilhões de toneladas que, explorada a 35 milhões de toneladas por ano (prevista para a partir do ano que vem), produzirão durante meio milênio (500 anos). Com 60 jazidas diferentes, Carajás representa maior reserva de minério de ferro de alto teor do mundo e 7% das reservas mundiais. Nos 490.000 hectares das serras Norte, Sul, Leste e são Félix, que juntas compõem a Serra dos Carajás, existe mais do que ferro e ouro. A quilômetros do terminal ferroviário há 48 milhões de toneladas de bauxita, rochaque contém alumina, matéria prima do alumínio (com 44% de teor) e também sílica reativa. E em outras três áreas foram levantadas mais reservas de bauxita que somam 1,6 bilhão de toneladas. Em Carajás há ainda 44 milhões de toneladas de minério de níquel, 100.000 toneladas de concentrado de estanho (contido na cassiterita) e 1,1 milhão de toneladas de tungstênio, com teor de 1% de volframita. Nada desprezível porque a volframita é um mineral altamente estratégico, por sua alta resistência e baixo peso, usado inclusive em naves espaciais. Há ainda uma jazida de cromita, com um teor de 20% de óxido de cromo. Está em avaliação, mas já se sabe que tem 900 metros de comprimento.

Na busca desses minerais, a mãe natureza ajudou com pistas preciosas. Qualquer não-iniciado pode notar quando a floresta Amazônica, majestosa, bordada de cipós, repentinamente cede lugar para uma mata baixa, um cerrado deslocado de sua região. Dá-se, simplesmente que a floresta não vingou por que o solo é minério ás vezes puro.

Os investimentos em Carajás somaram 2,9 bilhões de dólares, 50% dos quais consumidos na construção da ferrovia, 26% com a mina e a usina, 8% com o porto, 4% com o núcleo residencial em diversos setores que vão da engenharia a convênios com a FUNAI para o relacionamento com 11.000 índios de 92 aldeias da região.A vale do Rio Doce e o BNDES entraram com recursos, engrossados com a venda antecipada do minério de ferro a compradores encabeçados pela Japonesa Nippon Carajás Iron Ore Co., que ficou com 40, 5% ; mais Alemanha (24,8%), França (12,9%), França (12,9%), Itália (10,4%), Bélgica (7,2%) e Coréia (4,2%). Se os 70% (números redondos) da produção até o ano 2000 já estão comprometidos com o exterior, os 30% restantes servirão às siderúrgicas do País (onde o material saído de Carajás é transformado em aço). Esse gasto antecipado, o nosso minério de ferro,destinado ao exterior – 358 milhões de toneladas -, um bom negócio? Em Carajás a resposta tem a forma de um "Sim" uníssono. O engenheiro Mozart Kraemer Litwinski Lastreia essa posição com a informação: "Não se trata de uma venda antecipada, com preço determinado. O preço que os compradores estrangeiros vão pagar será o do mercado, vigente na época da entrega".

Futuro- No rastro da ferrovia e de Carajás, prevê-se "um novo horizonte do Brasil em termos mineral, industrial e agrícola", nasexplicaçõesde Kraemer Litwinski, o superintendente de Minas: " Com a infraestrutura da ferrovia, a hidrelétrica de Tucuruí e a possibilidade de exploração recorde do carvão vegetal, tem-se todas as facilidades para a implantação na região de indústrias de aço e de semi-acabados como ferro gusa e ligas de manganês". Portanto, parte da produção de Carajás poderia ser processada em fábricas instaladas na paupérrima região cortada pela ferrovia. E resto, transportado pelo trem. Na verdade, já há estudos para os russos montarem uma usina de ferro gusa perto de Carajás. E, diz Carlos Henrique Coelho Ferreira, o relações públicas em Carajás, há várias companhias particulares nacionais interessadas em investir na área. Não por acaso Marabá, cortado pelo trem, criou seu Distrito Industrial. E do lado agrícola, o longo braço da ferrovia pode levar uma futura abundante produção de grãos do Maranhão saída de planos do Governo descrito pelo engenheiro Mozart: "os grãos poderiam ser exportados em cargas comuns com o minério de ferro para o Japão,por exemplo, que é um importador de ambos. Seriam levados em navios grandes, o que é muito mais econômicos e reduz o preço das mercadorias".

Assunto inteiramente desinteressante para os garimpeiros que, se investem contra Salobo com seu cobre, pelo menos não incomodam o pessoal de um acampamento situado na metade do caminho: a equipe do manganês. O mais nobre dos três tipos desse mineral, o eletrolítico, tem prosaica/estratégia função de fazer funcionar as pilhas secas, como as dos rádios portáteis. Os outros dois tipos, o detrítico e o pelítico, também são importantes, já que viram aço manganês e chapas de maior dureza usadas, por exemplo,em carros de guerra. Destes, o mais problemático é o pélítico, porque não é naturalmente rico;exige um custoso trabalho de retirada de impurezas, por isso ainda não está sendo lavrado. Os outros dois tipos, requerem apenas classificação e lavagem, o que é feito numa usina de beneficiamento com capacidade para 700,000 toneladas por ano. Pouco para os planos da Vale do Rio Doce, que a partir de 1989quer por em funcionamento uma usina maior e produzir 1 milhão de toneladas por ano.
- Uma grande vantagem que se espera do cobre, já se alcançou com o manganês eletrolítico. " Algo entre 60% e 70% de nossa produção vão para o mercado interno. Com isso, paramos de importar esse manganês ", diz o especialista em controle de qualidade e planejamento de

mina Jayro Leal. Com pequenas exceções como é o caso de algumas multinacionais que trazem o produto de fora. Os planos para exportação do minério de manganês eletrolítico são outro item que entusiasma Jayro e o pessoal do manganês: ¨ O consumo mundial é de 300,000 toneladas por ano. E pretendemos conquistar um terço desse mercado, portanto exportamos 100,000 toneladas por ano ¨. E nesse ritmo teremos o suficiente para produzir durante 110 anos ¨, diz Jayro. Num mercado dominado pelo Gabão, com sua longa tradição de fornecedor, o manganês saído de Carajás está entrando na Inglaterra, França, Alemanha, Argentina, Equador. A Vale do Rio Doce conseguiu credenciar-se para fornecer o minério à norte- americana Union Carbide, depois de atender a várias especificações. A Union Carbide tem 40 fábricas espalhadas pelo mundo.
- Mais recente a Vale do Rio Doce assinou com a Rússia um convênio pelo qual esse país financiará 50% de uma usina de beneficiamento de manganês no Maranhão ou no Pará, com produção de 150,000 toneladas anuais - metade das quais a Rússia se comprometia comprar até o ano de 2002.

Andar pelas minas de manganês oferece a sensação de se estar passeando sobre uma imensa pilha, dessas para eletrodoméstico. O carro anda por áreas demarcadas que são o minério de manganês. Pás mecânicas e caminhões desmontam bancados do minério e as removem para a usina de beneficiamento, num processo muito parecido com o do minério de ferro. A mesma coisa é feita com o minério de detrítico. Este, resulta em três tamanhos, enquanto o eletrolítico gera o bióxido de manganês natural de Carajás, com 70% de pureza. Moído e secado no destino se transformará no eletrodo das pilhas. Mas para sair dos locais onde é estocado, na área da usina beneficiamento, e percorrer os 35 quilômetros que separam da "pêra"' (o terminal ferroviário), o minério de manganês é levado em caminhões basculantes, que cortam velozmente boas estradas de terra. Para o futuro, segundo se planeja, o minério será levado por um teleférico.

Projeto Salobo – Atualidade

A Companhia Vale do Rio Doce (CVRD) concluiu contrato de compra e venda para a transferência da totalidade da participação acionária detida pela Anglo American Brasil Ltda. (Anglo), controlada da Anglo American Inc, na Salobo Metais S.A. (Salobo), representada por 44.172.369 ações ordinárias e correspondente a 50% do capital social da Salobo. Esta transação, no valor de R$ 136.158.830,88, foi realizada por intermédio da Caulim do Brasil Investimentos S/A, subsidiária da CVRD. Com esta aquisição, a CVRD passa a deter, direta ou indiretamente por intermédio de controladas, 100% (cem por cento) do capital social da Salobo.

O Projeto Salobo faz parte do complexo mineral de Carajás, localizado no interior da Floresta Nacional do Tapirapé-Aquiri, Município de Marabá (Pará), está sendo desenvolvido pela Salobo Metais S.A. – SMSA, subsidiária integral da Companhia Vale do Rio Doce – CVRD (hoje vale).

O Projeto Salobo obteve em 28/12/2006, a Licença de Instalação (LI), o que representa o sinal verde do Instituto Brasileiro do Meio Ambiente e Recursos Naturais Renováveis (IBAMA) para iniciar as obras de construção. O Salobo é maior depósito de cobre e ouro do Brasil até então conhecido.

O depósito do Salobo foi descoberto em 1977 e agora o projeto se tornou ambientalmente adequado para o efetivo   início de instalação,   dando um passo decisivo para consolidar a produção de concentrado de cobre nos negócios da Vale.   Além disso, é de significativa importância para o Brasil.   "A entrada em operação desta mina está programada para o primeiro semestre de 2010", garante Roberto Reis, diretor da Salobo Metais.

A Salobo Metais S. A., em ampla sinergia com a Vale tem realizado um grande esforço, objetivando o perfeito conhecimento da reserva mineral da jazida do Salobo e desenvolvido trabalhos de engenharia, para incorporar otimizações tecnológicas e melhorias ambientais ao Projeto, visando obter a melhor competitividade dos seus produtos no mercado mundial.

Os estudos realizados até agora sugerem que os projetos de cobre da CVRD estão entre os mais competitivos do mundo em termos de custo de investimento e valor por tonelada de minério. Durante o ano, prosseguiram os trabalhos de desenvolvimento dos projetos, reforçando a expectativa da CVRD de se tornar produtora de cobre.

Considerando particularmente a implantação do Projeto Salobo, espera-se que, pelo seu porte, consolide um complexo minero-metalúrgico na região amazônica, capaz de desencadear um processo de atração de outros empreendimentos ligados à cadeia produtiva da qual ele é base.

O licenciamento do Projeto Salobo foi desenvolvido segundo as diretrizes estabelecidas na Resolução nº 237/97 do CONAMA (Conselho Nacional do Meio Ambiente), que regulamenta os aspectos de licenciamento ambiental estabelecidos na Política Nacional do Meio Ambiente e demais leis aplicáveis.

Em abril de 2001, a CVRD concluiu o estudo que confirmou a pré-viabilidade econômica da nova rota de processo para o projeto Salobo, desenvolvida pela Cominco Engineering Services Limited - CESL.

- O investimento estimado para implantação do empreendimento, utilizando essa nova rota, é de US$ 1 bilhão para uma capacidade inicial de processar 12 milhões de toneladas de minério por ano, produzindo 270 mil toneladas de concentrado de cobre; para a segunda etapa, a Vale pretende expandir o projeto para 24 milhões de toneladas. A expectativa útil da mina do Salobo é de 30 anos. Os baixos custos operacionais previstos colocam essa alternativa para o projeto Salobo em boa posição na curva de custo da indústria do cobre. Com a alta dos minérios no início de 2008, o preço do cobre por tonelada ficou cotado em US$ 8.500. Em maio de 2011 US$ 8.890 a tonelada. **Estudos avançados desenvolvidos pelo Geólogo *Breno Augusto dos Santos informam que está prevista a recuperação de 8 toneladas de ouro, para uma produção anual de 200 toneladas de cobre (no Projeto Salobo).***

Em outras pesquisas apontam um potencial total de quase 800 toneladas de ouro (no Salobo) e 500 toneladas no Corpo Alemão.

Com a implantação do Projeto Salobo serão gerados cerca de 3.500 empregos para o primeiro semestre de 2010, dando prioridade a mão-de-obra local. O investimento inicial será de US$ 900 milhões no Salobo (o que corresponde a R$ 1,87 bilhões, segundo a cotação do dólar de 10-04-2007, que era de R$ 2,02). O projeto Salobo possibilitará tanto negócios diretos quanto indiretos. Com a instalação do Salobo, mais projetos sociais   vão incidir ao município de Parauapebas.

Veja o relato de um funcionário (motorista) por nome Getúlio (12/2009), que atualmente trabalha no projeto Salobo:

"Salobo, apesar de ser um grande projeto que vai gerar muita riqueza para seus novos donos ou acionistas (da Vale), é um inferno para aqueles que estão enfrentando o árduo trabalho, no batente. No âmbito trabalho, o funcionário vale tanto quanto uma peça descartável que se desgasta. O trabalhador (um grande número) só suporta 3 a 6 meses. E, apesar de usar máscara, muitos adoecem. Para o mesmo, a Vale isolou a área para evitar "vazamento de informação". Sem nem um vínculo com a Vale, a maioria dos funcionários que trabalham no Salobo se abrigam em alojamentos, e são funcionários de empresas que terceirizam trabalho a Vale, entre as maiores estão: Odebrecht, Santa Bábara e dezenas de empresas menores".

Pela estimativa da empresa em 2008, a produção do cobre em todos os projetos da Vale, deveria chegar a 502 mil toneladas métricas em 2012, mas que pode atingir 1 milhão de toneladas métricas, com o desenvolvimento de ativos que a empresa possui (sendo que cinco desses projetos estão no Pará).

Apesar deste (o projeto) se localizar em área pertencente à Marabá distanciando cerca de 300 km do centro da cidade e 110 km de Parauapebas, o ponto mais estratégico para sua viabilização se dá através da estrada que vai de Parauapebas ao projeto, que fica nas proximidades do povoado Vila Sanção, que dista apenas 23 km do projeto. A perspectiva, segundo os moradores de Vila Sanção e especulações é que ali se tornará num tempo não muito longe, um lugar próspero e desenvolvido. Essa perspectiva se consolida mais ainda quando da decisão de que a Companhia Vale do Rio Doce e a prefeitura municipal de Parauapebas na pessoa de Darci Lermen, seus assessores, Vice João Fontana e representantes de cada comunidade rural reivindicaram e ficou definido que a CVRD, ao construir a estrada que ligará o Projeto Salobo até a pêra ferroviária, crie extensão asfaltando até as comunidades rurais que se localizam nas adjacências como: Vila Sanção, Vilinha, Paulo Fonteles, Vila Rica e Palmares 2.

EXPORTAÇÕES DE COBRE – PROJEÇÃO 2005 -2014:

Ano	T de metal contido	Ano	T de metal contido
1994	65.257	2005	
1995	58.423	2006	
1996	41.982	2007	
1997	35.987	2008	
1998	35.316	2009	
1999	59.676	2010	
2000	55.712	2011	
2001	67.987	2012	
2002	107.080	2013	
2003	113.533	2014	602.482
2004	331.034		

Fonte: DNPM, Anuário Mineral Brasileiro e Sumário Mineral.
In Iram F. Machado

LOCALIZAÇÃO DO PROJETO SALOBO

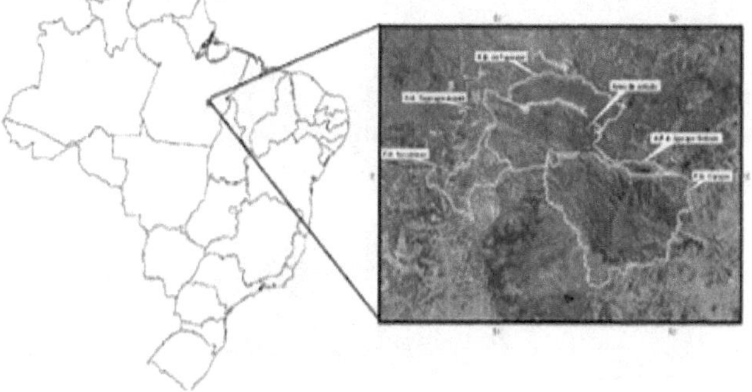

Fonte: http://marte.museu-goeldi.br/arqueologia/salobo/localização.html

PROJETO SALOBO – DECAPEMENTO PARA EXPLORAÇÃO MINERAL

Por Rubson Marques, região Salobo, fev.2010.

Povoados Vila Sanção e Vilinha, ou Vila Seca no município de Parauapebas. Locais que servirão de cenário aos grandes projetos estão sofrendo profundas transformações, necessitando de cuidados urbanísticos especiais, em curto espaço de tempo.

Povoado Vila Sanção (fotos acima).

Vilinha, fronteiriço com o povoado Vila Sanção

Fotos tiradas por Adilson Motta, 12/2008

Projeto Paulo Afonso

Conhecido por todos na região, o projeto Paulo Afonso corresponde a uma extensa área pertencente a colonos e fazendeiros, onde a CVRD em 2006 realizou constantes operações através de perfurações e sondas minerais onde também detectou minério, assim como na área do Salobo. O Projeto Paulo Afonso se estende desde antes da Serra do Cururu até à beira do rio Itacaiúnas. É uma extensa área mineral que ainda se encontra intocável e que suas áreas pertencem a colonos e fazendeiros. Para ter acesso de perfuração nas terras dos colonos, a CVRD indeniza os colonos com um valor simbólico. Desse modo, acredita-se que a CVRD tenha uma verdadeira radiografia mineral da região. Segundo afirmam, há uma grande existência de cobre na região (sem falar na enorme quantidade de ouro).Mesmo ainda não explorado ou não iniciado o Projeto recebe o nome em homenagem a um extenso riacho conhecido por todos na região, o riacho Paulo Afonso. A região é predominante de uma extensa vegetação rala e altas serras que se estendem nos confins daquela localidade.

Rio Paulo Afonso, nome que deriva o que muitos chamam de Projeto Paulo Afonso. (Fotos por Adilson Motta)

Serra Sul - Vale abrirá supermina na província de Carajás

A Companhia Vale do Rio Doce (CVRD) decidiu acelerar as pesquisas na província de Carajás com o objetivo de expandir a produção de minério de ferro na região. Uma das localidades que estão no alvo da Vale é Serra Sul, a 30 km da atual mina em produção do complexo. Serra Sul tem recursos minerais estimados em 12 bilhões de toneladas, mais da metade dos 20 bilhões de toneladas em todo o projeto Carajás. A expectativa da companhia é que os estudos permitam a inclusão da nova mina no orçamento de 2008. O ano para início da produção e o valor do projeto não estão definidos.

"Estamos acelerando projetos de pesquisa e desenvolvimento de engenharia em Carajás, visando elevar a produção. O mercado de minério de ferro está apertado e queremos aproveitar este momento", afirmou o diretor presidente da Vale, Roger Agnelli. Apesar de ter recursos minerais de tamanha envergadura, Serra Sul não havia sido uma prioridade nos planos da empresa até agora porque está mais distante da Estrada de Ferro de Carajás (EFC), que transporta o minério até o litoral. A distância elevaria custos na produção.

O fato de abrigar 12 bilhões de toneladas de recursos minerais não significa que esse volume será aproveitado integralmente. Mas as apostas da empresa são grandes. Estão sendo feitos investimentos na ferrovia para aumentar sua capacidade de transporte. A meta para o ano é transportar 108 milhões de toneladas, dos quais 90 milhões de toneladas são de minério. O restante é de grãos e ferro-gusa, entre outros produtos. Em 2012, a ferrovia deverá transportar 200 milhões de toneladas de carga. Devido a crise econômica americana, houve uma alteração em seu cronograma de implantação, devendo entrar em operação em 2013, e não mais em 2012, como estava previsto, com a produção de 90 milhões de toneladas/ano. Para isto, Serra

Sul terá investimento de pouco mais de US$ 10 bilhões na mina, usina, ferrovia e porto.

Boa parte do volume adicional virá da atual mina de Carajás, que está sendo ampliada para 130 milhões de toneladas anuais de produção a partir de 2009. É esperado, no entanto, que Serra Sul contribua com volumes significativos.

Jornal o Regional. Serra Sul, Parauapebas, 08/05/2007.

Serra Sul

Projeto Serra Leste

Reserva mineral que está localizada em Curionópolis, possui uma reserva mineral de 22 milhões de toneladas, com capacidade de produção anual de 2 milhões de toneladas. O projeto, com produção aparentemente modesta quando comparada com outros empreendimentos da CVRD, significa muito para Curionópolis no que diz respeito ao fortalecimento do comércio local e conquistas de novos ganhos para a cidade nas áreas de educação, saúde e infra-estrutura.

A perspectiva é que esse potencial de reserva mineral e exploração seja bem maior. O projeto Ferro Carajás, por exemplo, quando iniciou tinha capacidade de 15 milhões de toneladas. Hoje são quase 100 milhões de toneladas extraídas da mina de ferro Carajás. Segundo Henriques, gerente geral de Meio Ambiente da CVRD, a estimativa é de que o Serra Leste chegue a 300 milhões de toneladas.

O empreendimento para o Serra Leste está em fase de licenciamento ambiental. Com o projeto, serão gerados cerca de 340 empregos diretos na fase de implantação e 350 na fase de operação. Os investimentos no Serra Leste totalizam 300 milhões.

Fonte: O Regional, Parauapebas – 04/06/2007.

Projeto Onça Puma

A Mineração Onça Puma, empresa de propriedade da VALE, avança em um dos maiores projetos de níquel do mundo, que será implantado no município paraense de Ourilândia no Norte.

Trata-se de uma das maiores reservas mundiais de níquel laterítico, com cerca de 110 milhões de toneladas de minério bruto, com um dos mais altos teores de níquel (2,5%) do mundo.

As primeiras pesquisas do Projeto Onça Puma foram realizadas na década de 70 pela Inço, que lidera o mercado mundial de níquel, por meio da Minerasul.

A canico Resource Corp, com sede em Vancouver, assumiu em 2002 o controle dos depósitos, com a criação da Mineração Onça Puma, incorporada à VALE posteriormente. Até outubro de 2004 a empresa já havia investido o equivalente a R$ 115 milhões, boa parte na realização de 112 quilômetros de furos de sondagem na região, uma das maiores já realizadas no mundo.

Em sua fase de implantação o empreendimento deve gerar 2.000 empregos diretos. Outros 1.000 serão gerados na fase operacional. A produção média anual será de 43,5 toneladas de níquel contido, quando estiverem implantadas as duas linhas de produção, sendo prevista vida útil de 36 anos para o empreendimento.

Com esse projeto o Pará passará a ser o maior produtor nacional de níquel, com os dois empreendimentos que devem gerar em torno de 90 mil toneladas anuais. Segundo levantamento realizado pelo Instituto Brasileiro de Mineração (IBRAM), a produção passará dos patamares atuais de 80 mil toneladas para cerca de 240 mil toneladas e atingirá 286 mil toneladas em 2011. Tudo isso é resultado de investimentos de U$S 7,2 bilhões. O Pará deve se tornar o maior produtor mineral do país, passando a produzir o equivalente a U$S 8,3 bilhões por ano em 2010, com pelo menos 12 commodities minerais. Além do cobre e do níquel, no estado já se desenvolve as cadeias produtivas do alumínio, ferro, ouro e manganês. O preço do níquel em abril de 2008 estava cotado em U$S 48,7 mil por tonelada. O setor mineral, segundo o IBRAM em 2006, foi responsável por 86% das exportações do estado do Pará.
O setor mineral tem grande importância social e econômica para o país, respondendo por 4,2% do PIB e 20% das exportações brasileiras. Além disso, um milhão de empregos direto (8% dos empregos da indústria) estão associados à atividade de mineração, que está na base de várias cadeias produtivas.

Projeto Níquel do Vermelho

Situado no município de Canaã dos Carajás, no sudeste paraense, e distando 15 km ao leste do Projeto Sossego, o Projeto Níquel do Vermelho em fase de implantação pela Vale Inco Canadense visa o aproveitamento de minério limonítico de níquel, para a produção de catodos de níquel. O tamanho da reserva é de 290 milhões de toneladas.

Fonte: Correio do Pará, 06/2007.

A vida útil de exploração da mina é de 40 anos. E investimentos estimados de US$ 1,2 bilhões.

O Vermelho deverá criar até o final da década mais de quatro mil empregos, entre próprios e terceirizados, para sua implantação e operação, e gerar divisas para o país de aproximadamente US$ 360 milhões por ano, contribuindo positivamente para o saldo da balança comercial brasileira.

O crescimento da produção de aço inox proveniente principalmente da China, irá gerar aumento anual de 3,4% na demanda por níquel entre 2004 e 2015, equivalente a um Vermelho.

Vale espera deter 27% do mercado de níquel até 2011.

Os fundos de apoio a exploração mineral são financiados pelo Banco Mundial e Bancos Europeus. Esses fundos de apoio para o fomento da exploração mineral têm suas regras ou condições. O acordo do Projeto reza que, a 100 km da área de exploração das minas e da ferrovia nas comunidades, a empresa mineradora deve dar apoio em projetos e infraestruturas. E que, qualquer sociedade civil organizada pode se mobilizar e cobrar ações de caráter ambiental e entrar com ações.

Projeto Bauxita de Paragominas

O QUE É BAUXITA

A bauxita é uma rocha avermelhada que tem no óxido de alumínio seu componente dominante e é, por isso, o minério mais utilizado na produção do alumínio. Este, por sua vez, é matéria-prima para fabricação de inúmeros produtos usados no dia a dia, como panelas, esquadrias, latinhas, peças de automóveis e aviões, cabos elétricos, entre outros. Paragominas será o novo polo de produção de bauxita no Pará, confirmando o Estado como um dos maiores produtores mundiais do minério. O projeto representando um investimento de US$ 353 milhões e chegará a uma produção de nove milhões de toneladas por ano.

Comum nas regiões tropicais e subtropicais, a bauxita é produzida em muitos países. A produção mundial chega hoje a 120 milhões de toneladas/ano e os principais produtores são Austrália, Guiné e Brasil. Com o Projeto Bauxita de Paragominas, o Pará reforça sua posição de principal produtor brasileiro deste minério e contribui para a expansão da produção nacional. O Projeto Paragominas surgiu como um importante reforço para atender ao aumento da demanda mundial de bauxita e alumina, em especial as necessidades representadas pela crescente economia da China.

A incidência de bauxita em Paragominas vem sendo pesquisada desde a década de 70 e identificou-se nas jazidas de lá um potencial de 2 bilhões de toneladas bem maior do que as reservas do Rio Trombetas. Mas havia a dificuldade de transporte até Barcarena, onde ocorre a transformação da bauxita em alumina pela Alunorte.

Para Ricardo Saad, diretor de operações da MBP (Mina de Bauxita de Paragominas), "...se não tivéssemos equacionado o problema do transporte, não teria como implantar a mina, já que não temos navegabilidade para tanto no rio Capim". Enterrado a 1,5 metro, o mineroduto passará por Paragominas, Ipixuna do Pará, Tomé-Açu, Acará, Moju, Abaetetuba e Barcarena, monitorado através de fibra ótica, o que permitirá localizar vazamentos de imediato, a partir do controle computadorizado. O mineroduto, um tubo de ferro de cerca de 60 cm de diâmetro, será o primeiro mineroduto de bauxita do mundo, solução encontrada pela CVRD para explorar os platôs (terrenos elevados e planos) de Paragominas.
O projeto vai aumentar a produção mineral com um produto que integrará a cadeia de alumínio no Estado, ganhando maior valor agregado e reforçando a pauta de exportação do Pará e do Brasil.

Em Paragominas, a bauxita ocorre em platôs (terrenos elevados e planos). Alguns, como o chamado Miltônia, a cerca de 60 km da cidade, têm uma camada de bauxita em torno de 2 metros de espessura, coberta com uma camada estéril, principalmente de argila, que tem, em média, 11 metros sobre o platô.

A produção desta bauxita atenderá a demanda da próxima expansão da Alunorte (4ª e 5ª linhas). Na primeira fase, serão produzidas 4,5 milhões de toneladas/ano de bauxita, que serão transportadas da mina, em Paragominas, até Barcarena, através de um mineroduto com extensão de 230 Km. Entretanto, a mina poderá ser expandida para cerca de 9,0 milhões de toneladas/ano, dependendo da demanda da Alunorte para atendimento do mercado de alumina.

De acordo com a Vale, a Vale, a região de Paragominas, que inclui Dom Eliseu e a Serra de Tiracambu, tem potencial para produção anual de até 30 milhões de t de bauxita lavada, por um período de 80 a 100 anos.

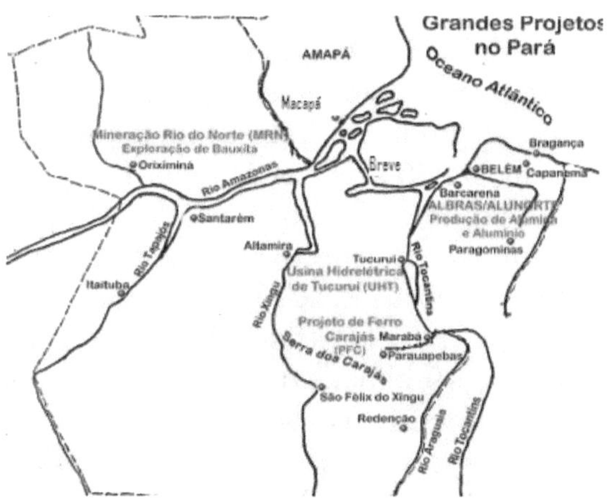

Projeto S11D

O projeto S11D, localizado em Canaã dos Carajás, a partir de 2016, após obtida a licença de Operação e confirmado o cronograma de implantação, aumentará a quantidade de ferro extraído do Complexo Minerador de Carajás, no sudeste paraense.

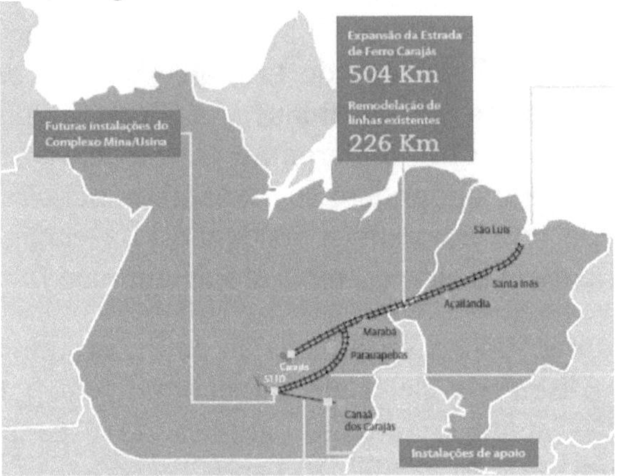

Fonte: Projeto Carajás S11D. 2012

O S11D fornecerá 90 milhões de toneladas métricas de minério de ferro por ano. Quando estiver em plena capacidade, a produção total de minério da Vale no Pará deverá alcançar 230 milhões de toneladas por ano.

O projeto S11D permitirá que a Vale mantenha sua posição de líder mundial no fornecimento de minério de ferro.

O projeto recebeu esse nome em referência à sua localização (corpo S11, Bloco D). O potencial mineral do corpo S11é de 10 bilhões de toneladas de minério de ferro, sendo que o bloco D, isoladamente, possui 2,78 bilhões de toneladas de reserva a ser minerada pela Vale. O produto será então levado até a Estrada de Ferro Carajás por um novo ramal ferroviário, de 101 quilômetros.

Serão cerca de US$ 20 bilhões em investimentos, sendo US$ 8 bilhões na instalação da nova mina e da usina de beneficiamento, e o restante destinado à infraestrutura logística. O início dasoperações da mina e da usina está previsto para o segundo semestre de 2016. O empreendimento prevê um prazo de três anos para sua implantação, durante a qual, no pico de obras, serão contratados 30 mil trabalhadores, no estado do Pará e Maranhão, e resultará na criação de mais 2.600 postos permanentes de trabalho na região.

S11D – Empregos Gerados (Estimativas)

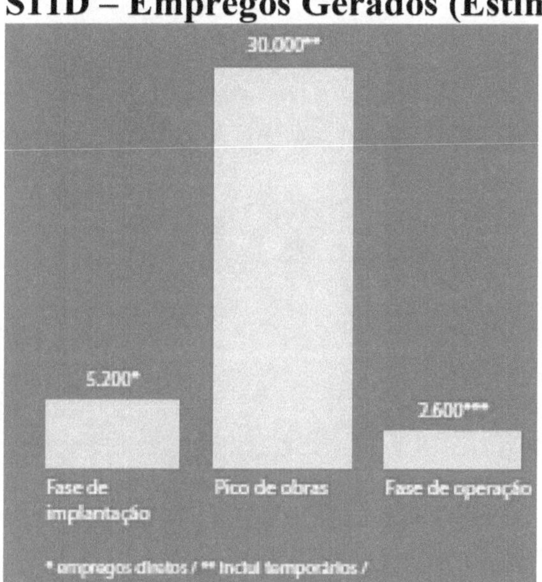

Fonte: Projeto Carajás S11D. 2012

Alguns números do projeto S11D:

- **<u>R$ 228 milhões</u>** foram desembolsados, até o final de 2011, com a contratação de serviços como manutenção elétrica, manutenção preditiva, informática e oficina para transportadores de correias.

- **R$ 3 bilhões** será o valor gasto com compras até 2016.
- **R$ 1,6 bilhão** valor estimado das despesas com terceirização até 2016.

Projetos Minerais da Vale na Região Sul do Pará

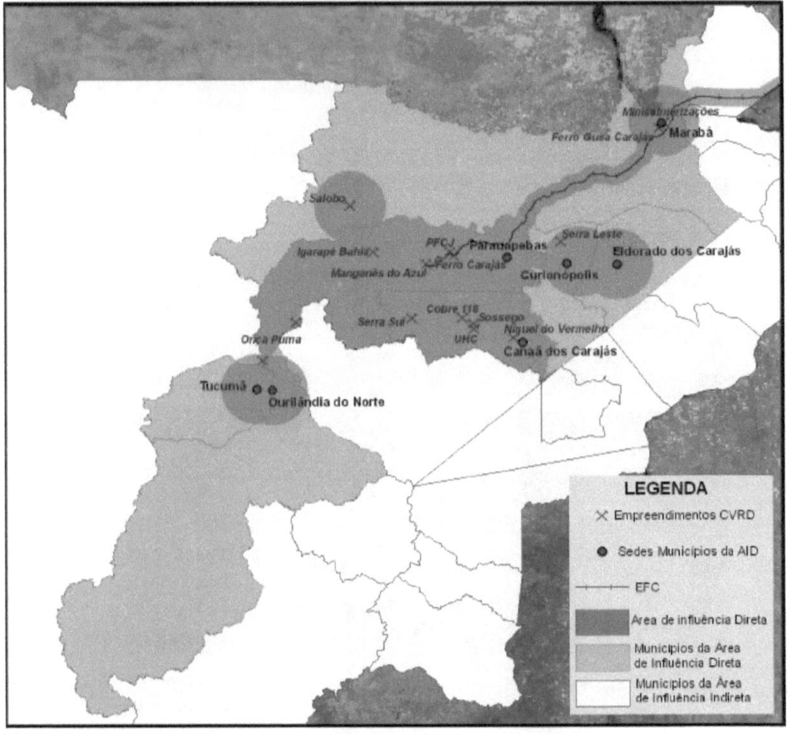

Fonte: Pesquisa Diagonal, 2007.

Os números do **Ibram** revelam ainda que o minério de Ferro da Vale em Carajás continua com a maior parcela do valor da produção mineral paraense, com 33,6% em 2006

(US$ 4,403 bilhões), seguido pela alumina da Alunorte com 18,6% (US$ 1,273 bilhão), pelo alumínio da Albras com 16,1% (US$ 1,104 bilhão), pelo cobre da Vale no Sossego com 10% (US$ 690 milhões), pela bauxita da Mineração Rio no Trombetas com 7,2% (US$ 496 milhões) e pelo ferro-gusa das siderúrgicas de Marabá com 7% (US$ 482 milhões). Com menores participações, aparecem ainda o caulim da Imerys (2,2%) e da Pará Pigmentos (1,1%), o manganês da Vale (1,2%), o ouro dos garimpos (1,1%), silício da MSG, que adquiriu recentemente a Camargo Correa Metais (o,7%) e o vergalhão e cabo de alumínio da alubar (0,7%).

Além desses empreendimentos, outros já estão sendo implantados ou projetados: o cobre do 118, do Salobo, do Cristalino e do Alemão; o níquel do vermelho e do Onça Puma; a bauxita da Alcoa em Juriti e da Vale em Paragoaminas; a alumina da ABC (Associação da Vale com um grupo chinês) e do ouro da Serabi.

Em 2010, outros cinco municípios estarão incluídos nessa relação: São Félix do Xingu com 2,9% (níquel), Ourilândia do Norte com 2,6% (níquel), Paragominas com 1,9% (bauxita), Curionópolis com 1,4% (cobre) e Juriti com 1,3% (bauxita).

Maior reserva de ferro de alto teor do mundo, a mina de Carajás, em Parauapebas, no Pará, ocupa papel central entre os garimpos na Amazônia e também tem a maior reserva de manganês do Brasil, além de ouro, dez jazidas de cobre e quatro de níquel.

PROJETO JURITI

O Projeto Juruti, concebido no final dos anos 90, começou a tomar forma em 2004, quando a Mineradora americana Alcoa acelerou a prospecção. O Projeto é um empreendimento de lavra e beneficiamento de bauxita da Alcoa, por meio de sua subsidiária Omnia Minérios. Está localizado no município de Juruti, região oeste do Estado do Pará. O mineral explorado é a bauxita, o terceiro mineral mais presente na crosta terrestre – e se destina a fabricação de alumínio.

A Alcoa obteve o direito de lavra e beneficiamento de minério na região de Juruti ao adquirir a Reynolds Metals Company (RMC), em 1999, que já havia feito as primeiras pesquisas para averiguar o potencial das jazidas nas décadas de 80 e 90. O potencial de reservas de minério no Pará é conhecido há muitos anos. Estima-se a capacidade de 1,5 bilhão de toneladas do minério.

Com uma reserva de cerca de 700 milhões de toneladas métricas, Juruti possui um dos maiores depósitos de bauxita de alta qualidade do mundo, necessários para atender à crescente demandae que também possibilitou a expansão da refinaria daAlumar-Consórcio de Alumínio do Maranhão em São Luís-MA. A produção inicial da Mina de Juruti atingirá 2,6 milhões de toneladas métricas por ano.

O potencial de reservas de bauxita da região é de pelo menos 45 anos, com a confirmação de outras jazidas que continuam a ser pesquisadas pela Omnia Minérios na região de Juruti.

O Brasil possui a terceira maior reserva mundial do minério, 5,9 bilhões de toneladas, em grandes jazidas no Pará e em Minas Gerais. O Pará conta com reservas nos municípios de Oriximiná, Paragominas e Juruti, que no total apresentam um potencial de 1,5 bilhão de toneladas. Este projeto contribuirá para consolidar a posição do Brasil como líder latino-americano no cenário mundial de produtores de bauxita, representando mais de 5% da produção global, que é de 141 milhões de toneladas (matéria prima in natura), segundo dados de 2004. Enquanto países ricos agregam valor da matéria-prima para produtos para o mercado de exportação e consumos internos.

O projeto prevê a produção anual de até seis milhões de toneladas de bauxita por ano, podendo ser expandido para oito e, posteriormente dez milhões.

O projeto teve origem em 2000, quando a Alcoa adquiriu a Reynolds Metals e iniciou a prospecção mineral nos platôs Capiranga, Guaraná e Mauari.

O terminal portuário de Juruti terá capacidade para acomodar navios de 75 mil toneladas. O porto está localizado a dois quilômetros do centro da município e fica à margem do Rio Amazonas.

A ferrovia terá aproximadamente 50 quilômetros de extensão e operará com 40 vagões, cada um com capacidade de 80 toneladas. Longos trechos da ferrovia serão construídos paralelamente à Rodovia Estadual PA 257, que também ganhará melhorias como asfalto e ciclovias, nos trechos que atravessam áreas habitadas.POR LILIAN FERNANDES

FERNANDES, Lilian. **Mina de Juriti. Desenvolvimento Sustentável na Amazônia,** 09/11/2009.

ALCOA - Sócia do empreendimento ALUMAR, do qual a mineradora americana detém 35,1% do controle acionário.

Reserva de Bauxita de Serra do Tiracambu em Maranhão

Uma reserva próxima à Estrada Ferro Carajás, propício a exploração e transporte.

Mato Grosso
Descoberta: Jazida com 11,5 bilhões de toneladas de minério

Trabalhos de prospecção mineral feitos em Mato Grosso identificaram uma jazida de minério de ferro com potencial estimado em 11,5 bilhões de toneladas, superior ao de Carajás que agrega um potencial de 7 bilhões de toneladas. A descoberta das reservas de minério foi realizada em meio a pesquisas do governo local com o objetivo de localizar jazidas de potássio e fosfato, já que o estado é um grande produtor agrícola.

Apesar do grande tamanho potencial da jazida, o teor de ferro é inferior ao encontrado nos melhores projetos no Brasil, como o de Carajás, da Vale, que possui 67% de teor de ferro. O ferro de Mato Grosso possui um teor de 41%.

A área no município de Mirasold´Oeste, no Oeste do Estado e próximo à fronteira do país, onde foram encontradas as reservas é particular. A empresa mineradora GME4 possui direito de prospecção do local. O grupo Opportunity, do banqueiro Daniel Dantas, tem participação majoritária na GME4, de 62%.

(Fonte: http://economia.estadao.com.br – Jonas da Silva. **Mato Grosso descobre jazida com 11,5 bolhões de toneladas de minério.** (01/09/2010)

ALUMAR

Alumar-Consórcio de Alumínio do Maranhão é um dos maiores complexos do mundo para produção de alumínio primário e alumina. Inaugurado em Julho de 1984 como um investimento privado – cerca de 1,5 bilhão de dólares – num momento de pura recessão no país;é formado pelas empresas ALCOA (Americana – 35,1%), ALCAN(Canadense de alumínio -10%) e BHP Biliton (sediada nos Reinos Unidos – Inglaterra -36%), Abalco (Americana -18,9%) e desempenha um importante papel sócio-econômico no Maranhão. Depois de percorrer mais de 1.890 kms em navios, de Trombetas, no Pará, até São Luís, no Maranhão, finalmente a bauxita encontra seu destino mais nobre.

COMPLEXO ALUMAR

Fonte das fotos: http://www.alcoa.com/brazil/pt/info_

O Consórcio tem 90% de funcionários maranhenses e centenas de fornecedores locais, com uma produção que vem se superando a cada ano.Número de funcionários: 2.273. Em 2007 a área de produção alcançou a marca recorde de 450 mil toneladas de alumínio e a refinaria produziu aproximadamente 1,5 milhão de de toneladas de alumina. Após a conclusão das obras da expansão da Refinaria, que tiveram em 2007 e devem ser finalizadas em 2008, a produção de alumina chegará a 3,5 milhões de toneladas/ano.

A Companhia anglo-australiana BHP Billiton, com sede em Londres, prepara-se para montar uma grande operação integrada de minério de ferro no Brasil. A maior mineradora do mundo já adquiriu um terreno na região de Mangaritiba, na Baía de Sepatiba, Estado do Rio, para construir um terminal portuário com capacidade de embarque de 50 milhões de toneladas anuais de minério, num valor estimado de R$ 900 milhões. A BHP tem hoje 59 autorizações de pesquisas de minério de ferro em curso em Minas Gerais, muitas delas em área do quadrilátero ferrífero.

Você sabia...

Que o maior manancial de água doce subterrânea transfronteiriço do mundo é o **aquífero Guarani.** Segundo os especialistas, talvez seja o único aquífero com água potável a 2 mil metros de profundidade. As estimativas mais realistas são de que as reservas permanentes doaquífero Guarani giram em torno 45 a 50 trilhões de metros cúbicos de água, e pelo menos 90% desse volume seria potável. O aquífero Guarani localiza-se no centro-leste do continente sul-americano, abrangendo uma área próxima de 1,2 milhões de km². A área de distribuição se estende por 4 países: Brasil (840 mil km²), Argentina (225 mil km²), Paraguai (71,7 mil km²), e Uruguai (58,5 mil km²). A sua maior ocorrência se dá em território brasileiro (2/3da área total), se estende por oito estados: Mato Grosso do Sul, Rio Grande do Sul, São Paulo, Paraná, Goiás, Minas Gerais, Santa Catarina e Mato Grosso. É equivalente aos territórios da Inglaterra, França e Espanha juntos.

Aquífero Alter

Em 2010, pesquisadores da Universidade Federal do Pará (UFPA) divulgaram a descoberta do que afirmam ser o maior aquífero do mundo. A imensa reserva subterrânea sob os Estados do Pará, Amazonas e Amapá – que tem o nome provisório de Aquífero Alter do Chão – em referência à cidade do mesmo nome, perto de Santarém. As pesquisas apontam o resultado de vários dados coletados ao longo de 30 anos. Para os pesquisadores, é considerado o maior do planeta. Dados preliminares indicam que ele possui uma área de 437.5 mil quilômetros quadrados e espessura média de 545 metros. Menor em extensão e maior em espessura que o Guarani. Sai do aqüífero a água que abastece 100% de toda Santarém e quase toda Manaus.

ALUNORTE

A Alunorte surgiu a partir de 1978, num acordo entre os governos do Brasil e do Japão — que contou com a participação da Vale (na época, chamada de Companhia Vale do Rio Doce).A empresa Alunorte - Alumina do Norte do Brasil S.A. foi idealizada para integrar a cadeia produtiva do alumínio no Pará, estado rico em bauxita, matéria-prima da alumina, principal insumo para a produção de alumínio.

Construída estrategicamente em Barcarena, município situado a 40 quilômetros, em linha reta, de Belém (PA), a Alunorte iniciou suas operações em julho de 1995, após um período de paralisação das obras em função de uma crise no mercado, que retardou a implantação do projeto.

Em 2000, iniciou-se o primeiro projeto de expansão da refinaria, que foi concluído em 2003. Com a ampliação, a capacidade produtiva passou de 1,6 para 2,5 milhões de toneladas de alumina por ano. Com esse salto na produção, a empresa ganhou destaque no cenário internacional e passou a figurar como a maior refinaria da América Latina e a quarta do mundo. Nesse mesmo ano, iniciou-se a segunda expansão. A conclusão da segunda expansão terminou no primeiro semestre de 2006, consolidando a Alunorte como a maior refinaria de alumina do planeta. A empresa chegava então a uma capacidade de produção de 4,4 milhões de toneladas de alumina por ano, gerando emprego para cerca de 2.800 pessoas (funcionários próprios e contratados).

Em agosto de 2008, a Alunorte concluiu as obras da Expansão três, um investimento de R$ 2,2 bilhões que capacitou a empresa para produzir 6,26 milhões de toneladas de alumina por ano. Com esse patamar, a Alunorte passou a ser responsável por 7% da produção mundial de alumina.
Mais de 80% da produção é exportado para os mercados europeu, americano e asiático. O restante é transportado por caminhões para abastecer a Albrás, produtora de alumínio, vizinha à Alunorte em Barcarena e a ValeSul, no Rio de Janeiro. Na composição acionária a maior parte pertence às empresas CVRD, com 57% e à norueguesa Norsk Hydro ASA, com 34%. O restante é dividido entre a CBA (Companhia Brasileira de Alumínio), com 4%, NAAC (Nippon Amazo Alumínium Co.), com 2%, e JAIC (Japan

Alunorte Investiment Co.), Mitsui & Co. e Mitsubish Co., todas com 1% de participação.

Atualmente além de gerar parte da energia que consome, a empresa também conta com o abastecimento da hidrelétrica de Tucuruí. A produção de alumina é escoada pelo Porto de Vila do Conde, localizado próximo à fábrica, por onde chegam os insumos necessários, como a bauxita, que vem da MRN, mineradora localizada em Oriximiná, oeste do Pará, também controlada pela CVRD, responsável pelo fornecimento das linhas 1, 2 e 3.

Em 2005, a produção mundial de alumínio foi de 32,5 milhões de toneladas e algumas projeções apontam para um crescimento da procura mundial do metal nos próximos cinco anos para 40 milhões de toneladas, demanda de alumina em grande parte pela China. Com isso, os projetos de expansão em curso na Alunorte vão suprir parte desses volumes, uma vez que a estratégia de ampliação da empresa está focada nesta previsão de crescimento do mercado da alumina estimado para os próximos cinco anos.

Com os módulos 4 e 5, inaugurados no primeiro trimestre de 2006, a Alunorte já se transformou na maior refinaria de alumina do mundo, com uma receita de R$ 3,857 bilhões.

De acordo com a matéria de maio de 2007 do Fórum Carajás e CUT, existem também problemas relacionados à veiculação de problemas trabalhistas e ambientais que ocorrem na empresa. A Alunorte tem poder de omitir dos meios de comunicação acidentes ambientais, condições insalubres, doenças laborais e atitudes anti-sindicais. O mais recente problema foi entorno do processo eleitoral da diretoria do Sindicato dos químicos de Barcarena, que terminou com a vitória da chapa organizada pela direção da fábrica.

Fonte: Gazeta Mercantil, 05/01/2001

Mineradora Rio do Norte - MRN

As primeiras ocorrências de bauxita na Amazônia, localizadas no extremo oeste do Estado do Pará foram descobertas pela Alcan na década de 60. A partir daí, foi constituída, pelo Grupo Alcan do Brasil, a Mineração Rio do Norte S.A. (MRN).

O projeto de exploração de bauxita da Mineração Rio do Norte (MRN) está localizado à margem direita do rio Trombetas, no município de Oriximiná, na região oeste do Pará. Suas reservas de bauxita, estimadas em 800 milhões de toneladas, são suficientes para uma exploração de aproximadamente mais 50 anos. Mas para chegar onde hoje se encontra, a MRN trilhou um caminho árduo e longo. As primeiras ocorrências de bauxita na Amazônia foram descobertas pela Alcan na década de 60. No final de 1971, a empresa deu início à implantação do projeto Trombetas, mas logo depois as obras foram suspensas, em função da depressão no mercado mundial do alumínio na época. Em outubro de 1972, a Companhia Vale do Rio Doce e a Alcan iniciaram entendimentos para constituir uma **joint-venture**, visando à retomada da implantação do projeto. Em junho de 1974 foi assinado o acordo de acionistas da Mineração Rio do Norte S.A., atualmente composto pelas seguintes empresas: CVRD (40%), Billiton Metais (14,8%) Alcan (12%), CBA (10%), Alcoa (8,58%), Norsk Hydro (5%), Reynolds (5%) e Abalco (4,62%). A construção do projeto foi retomada no primeiro trimestre de 1976 e as atividades de lavra iniciadas em abril de 1979. Neste mesmo ano, no dia 13 de agosto, foi realizado o primeiro embarque de minério, num navio para o Canadá.

A capacidade inicial de produção foi de 3,35 milhões toneladas anuais. Ao longo dos primeiros anos de operação, a capacidade expandiu-se gradativamente em função do aumento da demanda de mercado e da grande aceitação da bauxita produzida pela MRN nas refinarias de todo o mundo.

Entre 2001 e 2003, a MRN investiu em um novo projeto de expansão. Com ele, a empresa passou de uma capacidade instalada de produção de 11 milhões para 16,3 milhões de toneladas de minério.

O recorde de produção foi quebrado com 18,1 milhões de toneladas de bauxita produzidas no fechamento do ano de 2007.

As operações da Mineração Rio do Norte em Porto Trombetas consistem na extração do minério, beneficiamento, transporte ferroviário, secagem e embarque de navios.

A Mineração Rio do Norte está operando nas minas Saracá, Almeidas e Aviso. Nelas, o minério encontra-se a uma profundidade média de 8m, coberto por uma vegetação densa e uma camada estéril composta de solo orgânico, argila, bauxita nodular e laterita ferruginosa.

Para ser lavrada, a bauxita tem que ser decapeada. Esta operação se faz de forma seqüencial, em faixas regulares, onde o estéril de cobertura escavado é depositado na faixa adjacente, na qual o minério fora anteriormente lavrado.

Depois de beneficiado, o minério é transportado da área da mina até o Porto, ao longo de uma ferrovia de 28km. Nesta operação, são utilizados trens, cada um deles com 46 vagões.

Considerada a maior produtora de bauxita do país, minério do qual se extrai o alumínio, a MRN possui cerca de 1.200 empregados. Em 2006 a empresa fechou o ano com uma produção de 17,8 milhões de toneladas de bauxita. Deste total, 72% foi destinado ao mercado interno.

Além disso, a empresa possui uma forte atuação na área de responsabilidade social na região Oeste do Pará, onde está inserida. Por iniciativa própria, investe em projetos sociais, baseados em quatro pilares: saúde, educação, desenvolvimento sustentável e meio ambiente. Atualmente, a MRN está presente em várias ações que estão diretamente relacionados aos oito objetivos do milênio, estabelecidos em 2000 pela ONU (Organização das Nações Unidas).

Entre 2001 e 2003, a empresa investiu US$ 223 milhões em um grande projeto de expansão. Com isso, a capacidade instalada de produção saltou de 11 milhões para 16,3 milhões de toneladas de minério nesse período e, no ano passado, já atingiu a cada das 17,8 milhões de toneladas produzidas.

Valesul

A produção do alumínio, no Brasil, teve início em Minas Gerais, por volta de 1928. Neste período, são identificadas as primeiras referências de bauxita na Escola de Ouro Preto. A partir daí, começam a ser encontrados os registros dos quilos de alumínio primário produzidos no país. Porém, nesta época, a produção era ainda muito amadora e insuficiente para atender a demanda.

No final da década de 30, durante o governo de Getúlio Vargas, a indústria de alumínio recebeu o apoio necessário para alavancar a produção do metal no país. Assim, as primeiras fábricas nacionais começaram a aparecer no cenário mundial. A utilização da bauxita na produção de alumínio em escala industrial concretizou-se no Brasil durante a 2ª Guerra Mundial.

Neste contexto, a Valesul foi a quarta empresa produtora de alumínio primário a se instalar em solo brasileiro. As operações de sua fábrica tiveram início em 1982.

A partir de 1983, o Brasil passa de grande importador a um dos principais exportadores mundiais graças aos grandes e contínuos investimentos das empresas do setor.

A Valesul é composta pela participação acionária de 100% da Vale que produz e comercializa alumínio primário e para a indústria de transformação.

A empresa gera hoje, segundo dados do site da empresa, cerca de 1.200 postos de trabalho. A partir de 1983, o Brasil passa de grande importador a um dos principais exportadores mundiais graças aos grandes e contínuos investimentos das empresas do setor.   Subsidiária da Companhia Vale do Rio Doce, em Santa Cruz, zona oeste da cidade do Rio de Janeiro, a empresa produz e comercializa alumínio primário e ligas para a indústria de transformação. Ainda de acordo com dados fornecidos pela empresa, 90% de sua área é composta por densa floresta plantada com espécies da Mata Atlântica, o que garante a qualidade do meio ambiente, além de uma sensação de bem para seus colaboradores e visitantes. Em seu site, a Valesul também afirma ter como base os cinco pilares de qualidade: segurança, meio ambiente, custos, pessoas e mercado.

Produz em torno de 100 mil toneladas de alumínio primário por ano. Ocupa uma área de 800.000 m².. Ainda de acordo com o site da empresa, o produto é exportado para países da América do Norte, Europa, América do Sul e América Central. Estes são os principais destinos das vendas externas da empresa, que absorvem quase metade da produção.

O site apresenta a seguinte definição sobre pessoas: "Molas propulsoras da empresa, as pessoas formam a cultura da organização e representam o seu principal ativo. Clima organizacional, desenvolvimento de lideranças, motivação das equipes, definição das habilidades e competências dos profissionais que escrevem a história da Valesul são focos constantes desse pilar". Eles também afirmam investir fortemente em programas internos de responsabilidade social. "Formar ambientes para o desenvolvimento profissional, motivar equipes, ter uma política de cargos e salários bem definida e estimular a comunicação aberta são focos constantes.

Através do exercício do direito de preferência previsto em acordo de acionistas, a CVRD adquiriu 45% do capital da Valesul por US$ 27,5 milhões da participação acionária de sua sócia no empreendimento, BHP Billiton, passando, deste modo, a deter 100% do capital da Valesul.

No primeiro trimestre de 2006, a receita líquida da Valesul foi de US$ 58 milhões e o EBITDA (lucro antes de despesas financeiras, impostos, depreciação e amortização) chegou a US$ 8 milhões. A Valesul possui endividamento bruto igual a zero, de acordo com a posição de 31 de março de 2006.
A Valesul produz 40% de seu consumo anual de energia elétrica, o que é gerado por quatro pequenas centrais hidrelétricas próprias e derivado de participação acionária na usina hidrelétrica de Machadinho, localizada no rio Pelotas, no estado de Santa Catarina.

Wikipédia, a enciclopédia livre e http://www.valesul.com.br. Valesul: histórico e atualidade. Htt://WWW.cvrd.com.br. Valesul Alumínio.

Projeto Cristalino

O Projeto Cristalino é um projeto de concentrado de cobre, localizado no município de Curionópolis/ PA. O empreendimento será constituído por uma cava a céu aberto; uma correia transportadora de longa distância; uma usina de beneficiamento – com produção de 100 mil toneladas de cobre em concentrado; duas pilhas de estéril e uma pilha temporária de minério; uma barragem de rejeito e duas barragens de captação de água.

Atualmente, está sendo realizando estudos de pré-viabilidade do Projeto e de impacto ambiental, para obtenção das licenças necessárias para o início de sua operação.

Projeto Alemão

O projeto Alemão está localizado na Floresta Nacional de Carajás, no município de Parauapebas, a 130 km da área urbana da cidade. O depósito mineral está localizado abaixo das antigas cavas da Mina do Igarapé Bahia.

Para o projeto Alemão, serão aproveitadas, ao máximo, as áreas já utilizadas pela Mina do Igarapé Bahia, e o método de lavra selecionado foi o subterrâneo. Sua vida útil foi estimada em 23 anos.

Projeto Três Valles

O projeto Três Valles é o primeiro empreendimento de cobre da Vale fora do Brasil. Localizado no Chile, em região próxima à Salamanca; as obras de implantação devem iniciar-se em dezembro de 2008 e sua vida útil é estimada em 11 anos, com capacidade de produção de 18.5 mil toneladas/ano de placas de cobre.

O Projeto Três Valles contribuirá diretamente para o desenvolvimento do Valle de Chalinga, com a geração 600 empregos, em média, na fase de implantação, e 300 empregos na operação, além da oportunidade de instalação, modernização e crescimento de empresas prestadoras de serviços na região.

O projeto será uma porta aberta para a Vale no Chile e o início da diversificação geográfica para o negócio cobre. Todo o fluxo de caixa gerado na operação será reinvestido em trabalhos de exploração na região andina.

Projetos Polo Gameleira e Furnas

Em fase de pesquisa geológica na região de Carajás, estes projetos permitirão que a Vale atinja a meta de produção de 1milhão de toneladas de cobre por ano em 2014.

Você sabia...

Quecinco municípios da região Norte sobressaem-se com força na indústria mineral. Os destaques da região foram: Barcarena (PA), Coari (AM), Tucuruí (PA), Marabá (PA) e Parauapebas (PA), que juntos representam 0,55% do PIB do país.

VISA AMPLIADA DO MIRANTE DE N4

COMPLEXO DE EXPLORAÇÃO MINERAL DA VALENA SERRA DOS CARAJÁS (EM PARAUAPEBAS – PARÁ)

Fonte: Adilson Motta, in 10/2007

Nióbio

O nióbio é o metal do próximo século. De extrema necessidade e extremamente estratégico para várias indústrias, como por exemplo: aeroespacial (indústria de foguetes interplanetários (devido sua resistência à alta combustão), de satélites, de turbinas para motores de avião a jato, equipamento de ressonância magnética eé também muito empregado na produção de ligas de aço destinada ao fabrico de tubos para condução de líquidos. É com ele que são construídos aviões supersônicos, trens sem trilho, sendo ainda, de fundamental importância para a indústria pesada.

Sua aplicação vai desde as envolvidas com artigos de beleza, como as destinadas à produção de jóias, até o emprego em indústrias nucleares.   É empregado também em ligas supercondutoras, cerâmicas eletrônicas, lentes para câmeras, e trens-bala, de armamentos, de instrumentos cirúrgicos, e óticos de precisão.

O Brasil produz 95% de todo nióbio do mundo"(Enéias).EUA, Europa e Japão são 100% dependentes do nióbio brasileiro.

Como curiosidade, o nome nióbio deriva da deusa grega Níobe que era filha de Têntalo que foi responsável pelo nome de outro elemento químico, tântalo.

O nióbio é dotado de elasticidade e flexibilidade que permitem ser moldável. Estas características oferecem inúmeras aplicações. Há alguns tipos de aço inoxidáveis e ligas de metais não ferrosos destinados a fabricação de tubulações para transportes de água e petróleo a longa distância por ser um poderoso agente anticorrosivo, resistente aos ácidos mais agressivos, como os naftênicos.

Não é encontrado livre no ambiente, mas, como niobita (columbita).

O consumo mundial é de aproximadamente 37 toneladas anuais do minério totalmente brasileiro. Afirma-se que o país está perdendo cerca de 14 bilhões de dólares anuais com a evasão de divisas e subpreço cotado pelo Inglaterra, onde não possui nenhuma jazida de nióbio.

O Brasil como único exportador mundial do nióbio não dita o preço no mercado externo, o preço do metal quase 100% refinado é cotado a 90 dólares o quilograma na Bolsa de Metais de Londres. Estados Unidos, Europa e Japão são totalmente dependentes do nióbio brasileiro.

O Canadá, com as riquezas naturais, e o nióbio é uma delas, consegue utilizar essas riquezas a serviço da população em geral.

Com efeito, o quadro abaixo mostra a divisão das reservas mundiais de nióbio em 2005:

PAÍSES ....RESERVAS (T). PERCENTUAL (%)
BRASIL .... 3.761.015................ 96,43
CANADÁ........ ......110.000 2,82
AUSTRÁLIA................20.000....................0,73
NIGÉRIA................ ......9.000 0,22
TOTAL 3.900.015 100,00

Já para o CMI (Centro de Mídias Independentes (28/01/2010), o Brasil possui 88% das reservas mundiais deste minério.

No total das reservas brasileiras não se computou ainda os números da maior jazida de nióbio do planeta, com 2,9 bilhões de toneladas de minério bruto, localizada no município de São Gabriel da Cachoeira, AM, por nãoter sido concluída a pesquisa do "Complexo Carbonátitico dos Seis Lagos".
Somos milionários bafejados pela natureza, e no entanto, ainda não nos apercebemos disso. Com 2% de royalties apenas, o Canadá consegue reverter em benefícios da população, uma quantidade, uma gama de serviçosque a gente não consegue ver no Brasil.
Rebecca Santoro, em seu artigo **"Perdemos Roraima?"**, afirma: "Coincidente ou não, dentro da Reserva Raposa do Sol, encontra-se a segunda maior reserva brasileira de Nióbio". Sendo esse o real motivo da demarcação contínua da Reserva Raposa, sem a presença do povo brasileiro não-índio para a total liberdade das ONGs internacionais e mineradoras estrangeiras. Quem dita o preço desse precioso e estratégico minério é a atravessadora Inglaterra. O Brasil fica apenas "vendo a banda passar". Essa reserva brasileira, na região norte é conhecida desde os anos 80. Mas o Governo Federal nunca explorou oficialmente. Deixando assim, o contrabando fluir livremente – oficializando assim, o roubo de divisas no Brasil. Não é de estranhar, pois as

usinas de beneficiamento do nióbio brasileiro acham-se sob o controle de grupos estrangeiros.

O publicitário Marcos Valério, na CPI dos Correios, revelou na TV para todo o Brasil, dizendo: "O dinheiro do mensalão não é nada, o grosso do dinheiro vem do contrabando do nióbio". E ainda: "O ministro José Dirceu estava negociando com bancos, uma mina de nióbio na Amazônia".

Há fortes indícios que a própria Funai esteja envolvida no contrabando do nióbio, usando índios para envio do minério à Guiana Inglesa, e dali aos EUA e Europa.

Titânio

O titânio é o nono metal em abundância na crosta terrestre. É um elemento metálico muito conhecido por sua excelente resistência à corrosão (quase tão resistente quanto a platina) e por sua grande resistência mecânica. Possui baixa condutividade térmica e elétrica. É um metal leve, forte e de fácil fabricação com baixa densidade (40% da densidade do aço). Quando puro é bem dúctil e fácil de trabalhar. Ele é tão forte quanto o aço, mas 45% mais leve. É 60% mais pesado que o alumínio, porém duas vezes mais forte. Na forma de metal e suas ligas, cerca de 60% do titânio são utilizados nas indústrias aeronáuticas e aeroespaciais, sendo aplicados na fabricação de peças para motores e turbinas de aviões supersônicos, fuselagem de aviões, foguetes, prótese dentárias, em relógio de pulso com tampa de titânio e turbulações em água do mar.

Na engenharia

1.	Indústria química, devido à sua resistência à corrosão e ao ataque químico;
2.	Indústria naval: o titânio metálico é empregado em equipamentos submarinos e de dessalinização de água do mar;
3.	Indústria aeronáutica: é usado na fabricação das pás da turbina dos turbofans, turbojatos e turbo-hélice;
4.	Indústria nuclear: é empregado na fabricação de recuperadores de calor em usinas de energia nuclear;
5.	Indústria bélica: o titânio metálico é sempre empregado na fabricação de mísseis e peças de artilharia;
6.	Na metalurgia, o titânio metálico, ligado com cobre, alumínio, vanádio, níquel e outros, proporciona qualidades superiores aos produtos.

Outras Aplicações

1.	Tintas feitas com dióxido de titânio são excelentes refletores de radiação infravermelha sendo assim muito utilizadas por astrônomos;
2.	Aplicações em produtos para consumo como bicicletas, óculos e computadores estão se tornando bem comuns. As ligas mais comuns são com alumínio, ferro, manganês, molibdênio e outros metais;

O Brasil detém mais de 62% das reservas mundiais de titânio, e 79%dessas reservas pertencem à Vale (ex. C.V.R.D.)

LISTA DE SIGLAS, CONCEITOS E NOMES TRABALHADOS:

IBAMA: Instituto Brasileiro do Meio Ambiente e dos Recursos Naturais Renováveis
CVRD: Companhia Vale do Rio Doce
CEAP: Centro de Educação Ambiental de Parauapebas
ITERPA: Instituto de Terras do Pará
INCRA: Instituto Nacional de Colonização e Reforma Agrária
PFC: Projeto Ferro Carajás
DNPM: Departamento Nacional da Produção Mineral.

Ações: Quando uma empresa decide abrir seu capital, ela divide o seu valor em ativos financeiros, as ações, negociadas nas bolsas de valores. O valor das ações tem a ver com a expectativa dos lucros ou prejuísos que essa empresa terá no futuro. Desta forma, se a expectativa é que a empresa cresça e lucre mais, suas ações se valorizarão. Se a expectativa é de que ela tenha prejuíso, as ações cairão.

Ações ordinárias e preferenciais:O mercado de capitais reconhecia duas modalidades de ações: ações ordinárias e preferencial. As ordinárias são aquelas que conferem ao seu proprietário o direito de eleger a diretoria da empresa e, em contrapartida, o direito apenas à distribuição dos dividendos depois de paga a porcentagem prioritária a que tem direito os portadores de ações preferenciais (que têm a sua parte na distribuição dos dividendos. (Sandroni, 1994)

ADR: significa "American Depository Receipt" (recibo de depósito de ações), um certificado negociável emitido por um banco dos E.U.A. representando uma quantidade especificada de ações (ou uma ação) de capital social estrangeiro transacionado numa Bolsa de Valores dos E.U.A..

Previ

A **Caixa de Previdência dos Funcionários do Banco do Brasil - PREVI**, criada em 1904, antes mesmo da Previdência Oficial no Brasil, é hoje o maior fundo de pensão da América Latina e 59º (*) do mundo em patrimônio. É uma *entidade fechada* de previdência privada, em que podem ser participantes os funcionários do Banco do Brasil e os empregados do quadro próprio da PREVI. A Instituição trabalha para garantir a esses participantes benefícios previdenciários complementares aos da Previdência Oficial, de forma a contribuir para a qualidade de vida desses participantes e seus dependentes, tendo como função complementar o benefício do INSS dos funcionários aposentados da empresa e pensionista.

Por gerir imenso volume de dinheiro dos seus associados, a Previ é considerada um dos maiores investidores do Brasil, tendo tido destacado papel durante as privatizações. Hoje, é acionista de grandes empresas como a Companhia Siderúrgica Vale do Rio Doce, Embraer e Perdigão S.A..

Empresa privada é aquela que não é do poder do Estado, ou seja, seu dono/criador possui todos os direitos sobre ela.

O fato de se as empresas privadas progridem mais ou menos que as estatais são um dos pilares da discussão sobre o que já foi uma guerra entre o comunismo e o capitalismo.

Apesar de ser dono de uma empresa privada, a pessoa jurídica criadora da empresa ainda deve impostos ao Estado.

Empresa de capital aberto

Uma empresa de capital aberto é uma empresa cujo capital é formado por ações - títulos que representam partes ideais - que são livremente vendidas ao público sem necessidade deescrituração pública de sua propriedade (por parte da pessoa física compradora).

Assim, as pessoas compradoras das ações são proprietárias apenas de uma parte ideal da empresa e respondem por dívidas assumidas pelo corpo diretivo da empresa, o Conselho de Administração e os gerentes executivos ou diretores, os membros da Diretoria Executiva, apenas e tão somente em função do valor monetário da parte ideal quantificada pelas ações sob sua posse.

Free-float - Quantidade de ações "livres". O free-float pode definir-se como a percentagem do capital social que se encontra disperso em bolsa (nas mãos de acionistas minoritários), relativo a uma determinada empresa admitida à cotação nesse mercado.

Bradespar

A Bradespar é uma empresa que foi criada por um desmembramento do Bradesco. Representa a participação do Bradesco em empreendimentos fora do setor financeiro. Suas principais participações estão na Companhia Siderúrgica Nacional, na Companhia Vale do Rio Doce, na Globo Cabo, Scopus Tecnologia e VBC Energia.

A participação da Bradespar na Valepar, empresa que detém o controle acionário da Companhia Vale do Rio Doce, é de 17,4%.

Banco Opportunity: é um bancoprivado brasileiro sediado no Rio de Janeiro de propriedade de Daniel Valente Dantas, e tendo como presidente Dorio Ferman.

Canga: Geol. Concreções de minério da superfície do solo que podem apresentar bom teor de ferro.

Commodities: Produtos primários de exportação. Podem ser produtos agrícolas como soja, arroz, trigo ou minério, como aço, cobre, ou combustíveis fósseis como o petróleo.

Internauta: Usuário de internet, rede de computadores mundial. 2. Rest. Usuário itensivo da rede internet, que ocupa grande parte do seu tempo explorando os recursos por ela oferecidos.

Joint-venture: "união de risco", em inglês. Associações entre empresas para o desenvolvimento e execução de um projeto específico. Cada empresa, durante a vigência da joint-venture, é responsável pela totalidade do projeto.

Recessão: Período de retração econômica. Caracteriza-se geralmente uma recessão quando um país registra dois trimestres consecutivos de queda no PIB, ou seja, do valor total produzido, entre bens e serviços, por esse paísnesse período. É marcado pela queda na produção e investimentos, falência e desemprego.

San Tiago Dantas: - Foi civil, professor, diplomata, considerado de esquerda e integrou o ministério do presidente João Goulart, derrubado em 31 de março de 1964. Dedicou-se, como poucos, a estruturar o pensamento estratégico brasileiro e a moldar uma resposta nacional brasileira aos desafios da ordem mundial do segundo após-guerra. Representou o que havia de essencial no consenso de base do pensamento político-estratégico nacional, orientado para acriação de um Brasil moderno, desenvolvido e industrializado. (Por César Benjamin, Internet – 2008.)

Supercondutor: sólidos cristalinos de condutividade elétrica intermediária entre condutores e isolantes. Os elementos semicondutores podem ser tratados quimicamente para transmitir e controlar uma corrente elétrica. Seu emprego é importante na fabricação de componentes eletrônicos tais como diodos, transístores e outros de diversos graus de complexidade tecnológica, microprocessadores, e nanocircuitos usados em nanotecnologia. Portanto atualmente o elemento semicondutor é primordial na indústria eletrônica e confecção de seus componentes.

ERA PRÉ-CAMBRIANA

Os cientistas criaram uma escala de tempo que divide a história da Terra em eras. Estas era, por sua vez, são divididas em períodos, os quais se dividem em épocas. A mais longa dessas divisões temporais foi a era Pré-Cambriana. Ela se estendeu desde o início da Terra, cerca de 4,6 bilhões de anos, até aproximadamente 570 milhões de anos atrás. Designam-se comumente como Pré-Cambrianos os terrenos formados durante essa era. Constituem-se de rochas metamórficas (gnaisses, xistos) intensamente dobradas e falhadas e rochas ígneas (granitos, etc). A sua importância econômica é muito grande, porque nos terrenos dessa era estão as maiores reservas de ferro conhecidas, manganês, etc., sem mencionar-se ouro, cobre, níquel, prata, pedras preciosas, material de construção, etc.
Para os cientistas, na maior parte do Pré-Cambriano a Terra teve formas de vida muito primitivas, semelhantes às bactérias modernas.

Vikipédia, a enciclopédia livre. **Pré-Cambriano. Idade da Terra**. 12/2008.

Nations Bank:4º maior banco dos EUA (Estados

Unidos). **Múnus:** encargo, função.

CSN Corp. : Segundo Magno Mello, (em seu livro "A face Oculta da Reforma da Previdência" (Brasília 2003), é uma filial da CSN no Panamá, montada com capital do National Bank. Para Mello, Essa empresa entrou como laranja do National Bank a qual aportou capital de empresas para aquisição da CVRD (Companhia Vale do Rio Doce), período de sua privatização, em 1997.

George Soros (Budapeste, 12 de Agosto de 1930) é um empresário e homem de negócios norte-americano. É famoso pelas suas atividades enquanto especulador, nomeadamente em matéria de taxas de câmbio, chegando a ganhar 1 Bilhão de dólares em um único dia apostando contra o banco da Inglaterra.

O húngaro naturalizado americano George Soros, de 77 anos, é conhecido como "o homem que quebrou a libra" por apostar contra a moeda britânica, em 1992.

Nascido na Hungria com nome de **Schwartz György**, torna-se Soros **György**, tornando-se Soros, escritor e ex-soldado, e de Erzebet Czacs, ambos de família judia, George Soros teve uma infância relativamente boa, tendo passado parte da adolescência fugindo de perseguições, na Hungria, pelo fato de ser judeu (a Hungriafoi invadida por tropas nazistas, na época).

Depois, migrou aos dezessete anos para Londres, onde começou a enriquecer com a administração de empresas.

Nos Estados Unidos é conhecido por ter doado montantes elevados para tentar que o Presidente George W. Bush não fosse eleito. o.

Wikipédia,a enciclédia livre, 12/2008.

Usina de pelotização: Usina de separação e agregação de minérios incrustados nas rochas.

REFERÊNCIA

BENAYON, Adriano. Artigo. Por que anular a "privatização" da Vale?

BORGES, Altamiro. Artigo: In Outro Brasil **"Sinal de alerta nas contas públicas".** 31/07/2008.

CASTRO, Ana. **Quem lucra com a Vale?** JORNAL COMEFC. 07Q2013

CHAVIEGATTO, Felipe. **O assalto das privatizações.** 12/02/2009.

Confederação Nacional de Municípios. Pesquisas sobre o município de Parauapebas, 12/2007.

COTA, Raimundo Garcia. **Carajás – A invasão desarmada.** Cametá, PA, 2007.

CVRD apud Diagonal, **Pesquisa e levantamentos das comunidades entorno do Projeto Salobo.** Vila Sanção, 2008.

Coleção Novo Curupira, **Vol. Único, Normicilda et al. 2005,** Editora Amazônica.

Diagonal, **Pesquisa encomendada pela Vale** em 2006 no Pará.

DNPM, Anuário Mineral Brasileiro e Sumário Mineral, diversas edições apud *Iran F. Machado* **in Mineração e globalização.**

Folha da Manhã Ltda, Carajás sob constante ameaças de garimpeiros. Pesquisa de Internet, 2006.

Folha de S.Paulo, sábado, 06 de dezembro de 1984 **Carajás corre para iniciar a produção.** Internet, 2007.

Folha de São Paulo. Por Pedro Soares. HTTP:/WWW.power.inf.br/PT. **Vale surpreende e lucra R$ 12,4 bilhões (no 1º semestre de 2008).** E colunista Cláudio Humberto, 28/10/2008.

_________________, **ale anuncia lucro de 12,4 bilhões no 3º trimestre de 2008.**

Revista Época, 8 Set. de 2003. **A Vale do Rio Doce abre as primeiras grandes minas de cobres no país.**

SANTOS, Breno Augusto dos. **Recursos minerais da Amazônia.** *Instituto de Estudos Avançados da Universidade de São Paulo, 1982. E* estudosavancados@usp.br

G ODEIRO, Nazareno at al. **Vale do Rio Doce – Nem tudo que reluz é ouro,** 1ª edição - 2007.

GONÇALVES, Suely et al. ***Amazônia de encantos e desafios.*** *Goiânia, 2006.*

www.vestibular1.com.br. Privatização no Brasil. 12/02/2009.

HASHIZUME, Maurício. Repórter Brasil. **Muito minério e pouco desenvolvimento ativam manifestações,** 27/11/2007.

http://www.mrn.com.br, Histórico da MRN

http://gl.globo.com/Noticias/Economia/_Negocios/0. **Vale anuncia lucro de R$ 12,4 bilhões no terceiro trimestre de 2008.**

htt://g1.globo.comnoticianegocios.Vale anuncia lucro de R$ 12,4 bilhões no 3° trimestre de 2008.

http://pt.wikipedia.org/wiki/Tit%C3%A2nioCategoria

O Liberal / Poder - 04] Bauxita transforma Paragominas. http://www.fornecedoresdopara.com.br /new/noticias.php?id=158&Bauxita_transforma_Paragominas. 08/2006.

Instituto Brasileiro do Meio Ambiente e dos Recursos Naturais Renováveis – IBAMA. Pesquisa sobre a **APA: Área de Preservação Ambiental no Sul do Pará.**

Investia – http://www.cnmcut.org.br/2008. Wall Street Journal, **Vale chama a atenção por crescimento tórrido.** 28/04/2008.

InvestNews, Gazeta Mercantil. **Mineração Rio Norte, uma história de desafios.** 03/2003. Celivaldo Carneiro. Porto Trombetas Especial para a GZMNorte, 08/2007.

Jornal Nacional. **As riquezas minerais da Amazônia.** 20/05/2010.

Jornal Regional. **Estrada da CVRD vai beneficiar moradores rurais.** Parauapebas, 27/04/2007.

José Cristian Góes – Jornalista. **Privatização da Vale. O crime faz 10 anos,** 2008.

LAMOSO, Liandro. **Exploração de minério de ferro no Brazil e no Mato Grosso do Sul.** 2001, São Paulo.

LEO BENTO, Chefe da Unidade de Conservação da APA (Área de Proteção Ambiental) – **Pesquisa sobre mapas e definições da região da APA**. IBAMA: Instituto Brasileiro de Meio Ambiente e Recursos Naturais Renováveis. Em 12/2006.

LUCCI, Elian Alabi, 2002. **Geografia. Homem e espaço – A organização do homem no espaço brasileiro**. 6ª Série.

Mineração e Globalização. Iram F. Machado.

Navalshore. Publicidade.**Vale supera e lucra R$ 12,4 bi** (3º semestre), 13/01/2009. Internet.

Parauapebas em Revista. Histórico de Parauapebas; DOMINUS Publicidade e Pesquisas, 1994.

Pará Negócios e Caderno/Web: www.paranegocios.com.br, 11/08/2008.

Pinto, Lúcio Flávio. **A pérola dos minérios atiradas aos porcos.** 03/03/2008.
___________, **O grande projeto e a economia regional**. Internet, 2010.

QUEIROZ, Álvaro. **O fracasso das privatizações**, 02/12/2001.

Revista Expressão. **Sul do Pará – Região em franco desenvolvimento.** Editora Mídia mix, 03/2008.

Revista afinal. Década de 80. **Projeto Salobo.**

Revista ISTOÉ. **Para onde vai o ouro da Vale?** 30/04/1997.

Revista Veja. **O PT quer engolir a Vale**. 17/10/2009.

Ricardo Kotscho. **Carajás se prepara para exportar o minério de ferro**

RIZEK, André. Pagamos, **eles invadem**. Veja, ano 38, n. 10, p.42-48, 9 mar.2005, il.

SERRÃO, Jorge. **Piada séria do ministro Lobão: Vale continua estatal, mesmo com a doação de seu controle 11 anos atrás.**13/05/2008. http://alertatotal.blogspot.com.

SILVA, Luciano Pereira. **Sítio arqueológico na região Paulo Fonteles**, 10/2009.

TAVARES, Edvaldo, **Nióbio: Riqueza desprezada pelo Brasil,** 03/2008.
Resumo

Este livro aborda sobre o histórico e potencial econômico que representa a CVRD (Companhia Vale do Rio Doce), sua expropriação e internacionalização e consequências sócio-político e econômica num país onde num processo político, assistimos sua dilapidação e entreguismo ao capital privado e internacional.

A empresa cresceu, gerou enorme patrimônio da noite para o dia mas como é uma empresa de capital aberto, a maior parte de seus donos por ações preferenciais são estrangeiros. No Brasil fica recursos de empregos e 2% de impostos minerário mas a fabulosa riqueza maior está sendo investida lá fora na aquisição de outras empresas minerárias e perspectiva potencial de se tornar a número um em nível mundial com nossas riquezas minerais.

Questionamentos que não calam:

1- Quem está enriquecendo com a Vale: o Brasil (brasileiros) ou seus acionistas?

2- Foi a ineficiência estatal, descaso ou incompetência de nossos governos que não souberam administrar o que é da nação? Em gestões posteriores a FHC, a Petrobras está sendo um símbolo de excelência e prosperidade num regime de gestão corporativista. E a mesma no governo anterior foi articulada sua "privataria" ou privatização – salva pelo pouco tempo de governo que restava e resistências sociais cerradas.

3- Quem são os verdadeiros donos da Vale (pessoas físicas) que se escondem nas pessoas jurídicas de empresas como BRADESPAR, MERRYL LYNCH e outras?

www.ingramcontent.com/pod-product-compliance
Lightning Source LLC
LaVergne TN
LVHW041516170726
843492LV00005B/1527